热解产物耦合畜禽粪污堆肥对Cu/Zn钝化的影响

◎周　岭　郭潇君　王龙杰

吴平凡　张红美　李治宇　张颖超　　著

U0306565

中国农业科学技术出版社

图书在版编目（CIP）数据

热解产物耦合畜禽粪污堆肥对 Cu/Zn 钝化的影响／周岭等著 . -- 北京：中国农业科学技术出版社，2024.7.

ISBN 978-7-5116-6938-4

Ⅰ . X713. 05

中国国家版本馆 CIP 数据核字第 2024Z2D519 号

责任编辑　张国锋

责任校对　李向荣

责任印制　姜义伟　王思文

出 版 者	中国农业科学技术出版社
	北京市中关村南大街 12 号　　邮编：100081
电　　话	（010）82109705（编辑室）　　（010）82106624（发行部）
	（010）82109709（读者服务部）
网　　址	https://castp.caas.cn
经 销 者	各地新华书店
印 刷 者	北京建宏印刷有限公司
开　　本	148 mm×210 mm　1/32
印　　张	4.75
字　　数	150 千字
版　　次	2024 年 7 月第 1 版　2024 年 7 月第 1 次印刷
定　　价	58.00 元

作者简介

　　周岭，女，汉族，无党派人士，教授，塔里木大学机械电气化工程学院教师。国家教学名师，入选兵团有突出贡献优秀专家、自治区教育领军人才等。主要从事农业剩余物增值转化研究，提出利用棉秆、果枝等农林剩余物制备碳材料和木醋液满足南疆盐碱土壤修复需求。阐明木醋液、炭促堆肥腐熟特性及对重金属钝化协同机制，形成南疆农林剩余物多联产技术体系和推广模式，相关研究处于国内前列。主持国家自然基金等省级以上课题15项；第一或通讯作者发表论文68篇，授权发明专利5项，出版专著2部。获农业部"丰收杯"等省部级科技奖励4项，获霍英东教育教学奖、自治区等省级教学成果一等奖等7项。

内容简介

　　《热解产物耦合畜禽粪污堆肥对 Cu/Zn 钝化的影响》的撰写以国家自然基金（51266014）、兵团中青年领军人才项目（2019CB028）为基础，自 2018 年开始本书的撰写准备工作，经查阅大量文献、实地调研、资料归纳整理、提炼技术方案、进行实验验证、凝练结论等过程，于 2023 年基本形成初稿。

　　畜禽粪污重金属处理技术一直以来是国内外研究热点，并已有相关著作出版，如中国环境出版社出版的《畜禽粪便重金属污染与防治》等，为本书撰写提供了很好的借鉴。本书撰写突出以下几个方面：（1）研究对象突出，内容全面系统。本书共 4 章，分别从畜禽粪污污染现状、棉秆木醋液在牛粪堆肥过程对重金属减控研究、玉米秸秆炭促猪粪堆肥腐殖化对重金属钝化机制等进行了阐述，研究内容介绍了热解产物介导畜禽粪污堆肥腐殖化实现对 Cu/Zn 的钝化作用，为新疆生物质资源化利用提供了新的利用途径；（2）研究理论先进、方法创新。本书创新性提出基于均匀设计耦合偏最小二乘法构建了棉秆木醋液对 Cu/Zn 钝化的最优模型；在研究中采用物理学、化学、生物学等多学科理论，揭示了堆肥腐殖化物质演化过程，并采用平行因子、结构方程等方法解析了介导 Cu/Zn 钝化的主要因素，为进一步深入开展重金属钝化机理提供了依据；（3）以地方经济发展为依托，探索农业剩余物开发利用新视角。新疆是我国主要的农牧产区，农业剩余物合理开发应用是新疆农牧业高质量发展的需求，本书以农业剩余物热解产物为堆肥重金属钝化剂，为畜禽粪污绿色肥料化利用提供了新的视角。

　　全书由塔里木大学周岭、郭潇君、王龙杰、吴平凡、张红美，山东理工大学李治宇，燕山大学张颖超合作完成。

目　　录

第1章

前　言

1.1　畜禽粪便污染现状

　　我国畜禽养殖业开始从传统的个体化饲养更加趋于集约化，畜禽总产量的增加也导致畜禽粪便的排放量不断攀升。2023 年《中国农业统计资料》显示，2022 年猪出栏量达到 6 9994.8 万头、牛存栏量达到 10 215.9 万头、羊存栏量 32 627.3 万头[1]。据我国相关统计，畜禽粪污排放量已超过 40 亿吨，但未能高值化利用[2]，现已成为严重的农业废弃物污染来源，这将严重制约农村经济与环境的良性发展。未经处理的畜禽粪便中含有大量的病原菌、抗生素、重金属并伴随恶臭气味，不经处理直接排放将对城乡环境及人类产生危害[3]。

1.1.1　对大气的污染

　　畜禽粪便对大气污染的主要原因是粪污排放后，微生物在分解粪便中的有机物质时会产生挥发性有机酸、氨气、硫化氢、粪臭素等有毒有害的恶臭气体。另外，在畜禽养殖过程中，粪污的不及时处理也将通过发酵产生大量温室气体，如 SO_2、CO_2、CH_4 等，这些气体将加速全球温室效应，并在大气反应中形成酸雨[4]，间接影响农作物生长及人类生长环境。据统计，由畜禽粪污产生的甲烷排放量在农业领域排名第一，而甲烷也是全球温室气体的主要成分。

1.1.2　对土地的污染

　　畜禽粪便污染土壤的主要因素为重金属污染、抗生素污染及粪污造成土壤中养分过剩。在畜禽养殖过程中，为了帮助畜禽快速增长及防治疾病，养殖者一般会在饲料中添加一些重金属元素及微量元素等，由于畜禽对重金属元素利用率不高随粪便排出，导致粪便中重金属含量过高。重金属随畜禽粪便施入土壤后将抑制农作物生长，污染农产品从而威胁人类健康。抗生素类药物在畜禽生长过程中可以有效提高生长速度，预防疾病，养殖户一般会在饲料中添加大量兽用抗生素。抗生素随粪便进入土壤后，不仅对农作物产生毒性影响其生长，还会抑制土壤中微生物的活动与繁殖，这将严重影响土壤生态系统的健康循环。畜禽粪便中含有大量氮、磷、钾等有机质，是农作物生长过程中非常好的养分来源，但过度施用将会造成土壤中的氮磷养分上升，使氮磷养分累积。一些氮元素还将转换为硝酸盐停留在土壤表层或随雨水及灌溉汇入地表水或渗入地下。硝酸盐将造成农田土壤板结化，降低土壤透气性及保水性，影响农作物生长[5]。

1.1.3 对水源的污染

畜禽粪便排放会造成水体富营养化及水体中硝酸盐、亚硝酸盐等含量增加，导致水体负荷过重[6]。畜禽粪便所含的大量有机质等营养元素流入水体后，会加速藻类及微生物的生长，使水生生物过度繁殖，从而导致水体中可溶解性氧消耗过大，造成水体中动植物死亡。同时，畜禽粪污中的重金属、抗生素、病原菌等也都会随着雨水及灌溉流入水体，造成水体污染，甚至影响人类活动。

1.2 好氧堆肥研究进展

堆肥是一种具有竞争力的粪肥管理替代方案，同时结合了有机材料回收和生物质处理，将可生物降解的有机废弃物（如农业叶片、污水污泥和食物垃圾）最终转化为稳定的有机肥料的复杂生物氧化过程[7]，最终降低土壤应用堆肥产品的污染风险。与厌氧发酵相比，好氧发酵具有发酵彻底、投资小、悬浮物去除率高和恶臭气味小的优势。好氧堆肥利用自然传播的微生物来促进固体废物中的有机物转化。值得注意的是，好氧堆肥技术不仅可以处理多种有毒有害物质，而且可以有效实现固体有机废弃物的减量化、无害化和资源化利用，在污染治理和环境保护方面显示出有吸引力的应用前景[8]。好氧堆肥对于腐殖化和重金属（HM）修复的优势具有经济效益、技术的可行性以及生物降解过程对环境友好。例如，研究餐厨垃圾好氧堆肥对HM 污染土壤的修复效果，降解效率约为 75%[9]。好氧堆肥腐熟程度和微生物降解有机质（OM）过程呈正相关，因此，寻求适当的堆肥添加剂以促进堆肥腐殖化是关键。

1.2.1 腐殖化特征参数

好氧堆肥过程中 OM 分解是一个复杂的生物过程，温度、碳氮比（C/N）、含水率、pH、电导率（EC）、种子发芽指数（GI）等参数对堆肥腐殖化过程影响较大。堆肥微生物分解 OM 的代谢活动释放的热量是堆体温度上升的热源，堆肥的升温速率和嗜热期（>50℃）天数直接反映堆肥效率和微生物代谢活性，嗜热菌发酵的最佳温度是50~60℃，超过 70℃会使微生物濒死失去活性，温度过低则不利于微生物活动，因此，好氧堆肥过程中温度的控制十分必要[10]。C/N 是影响堆肥工艺和质量的关键因素，初始条件下 C/N 在（20~30）/1范围内被认为是堆肥的最佳条件[11]。堆肥过程中水分含量的作用主要包括两点：一是改善堆肥的物理结构（即堆积密度、自由空气空间、透气性和导热性）；二是增强微生物活性（即生长、代谢和养分运输）（Huet et al.，2012；Kulikowska，2016）。参与微生物新陈代谢，一般情况下 40%~65%（质量百分比）的含水率最有利于微生物活动。堆肥水分超过 70%，水会充满 OM 物料颗粒间孔隙，使含氧量减少，降低 OM 分解速度，低于 40%则不能满足微生物生长需要，有机物难以降解[12]。堆肥 pH 是揭示堆肥微环境微生物活性的一个标志，pH 值过高或过低都对堆肥发酵不利，一般微生物最适宜的 pH是弱碱性，使 pH 值维持在 7.0~9.0 可以保证堆肥好氧菌的最大分解效率[13]。EC 值过高会形成堆肥微环境反渗透压，将水分置换，减少水分和养分向微生物的输送从而抑制堆肥腐熟。一般来说，EC 值小于 4 000μS/cm 的堆肥被认为是安全的，可以在未来土壤应用[14]。GI 是反映堆肥产品生物毒性的堆肥腐熟度评价指标，通常认为 GI>80% 无生物毒性，可用于植物和土壤[15]。因此，理化性质指标能够改变堆肥腐殖化进程。

1.2.2 腐殖质转化特征

溶解性有机物（DOM）是极具活性的化学组分，堆肥 DOM 含有酚羟基、羧基和羰基等活性官能团，DOM 组分受原料特性、堆肥添加剂量、微生物活性、理化特性等因素以及它们之间相互作用的影响。微生物分解 OM 过程在有机物表面的液态膜中进行，因此，了解 DOM 的组分和演化特征能够反映堆肥的腐熟情况，比固相有机物更具代表性[16]。

腐殖质（HS）是 DOM 中进一步提取的腐殖化物质，是堆肥产品腐殖化的核心功能物质，其含量是堆肥产品质量的重要评价标准。OM 降解并聚合生成 HS 物质，其形成受所涉及原料特性、堆肥添加剂特性、堆体理化性质和微生物活性等因素的影响，这些因素都可以相互作用，所以 HS 的形成是复杂的，但其具有部分相同的官能团和结构安排，这将有助于预测它们的结构[17]。HS 的还原有利于微生物的生长，这一过程将极大地影响堆体有机污染物的腐殖化过程[18]。HS 的堆肥腐熟效益明显，能够形成大分子量团聚体，增加堆体孔隙度，增强养分保存和持水能力，以及抑制各种传播病原体，并最大限度地降低 HM 的毒性，这些优势归因于 HS 大量的含氧官能团（羧基、酚基、羟基和醌基等）[19]。

HS 依据酸碱溶解度的不同主要分为胡敏素（Humiz）、腐殖酸（HA）与富里酸（FA），而 FA 与 HA 是影响堆肥 HM 环境行为的重要 OM，对 HM 污染有修复效果。研究表明，堆肥产品的 HA 聚合程度对腐殖化程度至关重要，其前体物主要包括含碳和含氮物质的降解产生和转化的物质（包括氨基酸、酚酸、羧酸、多糖和 HS 等），HA 前体物转化率直接影响堆肥腐熟[20]。堆肥腐解的 HA 所含羧基较多，总酸度大，导致更易与 HM 离子发生配位反应，从而降低 HM 移动性，且 FA 低分子量的性质导致 FA-HM 络合物稳定性弱于 HA-HM 络合物[21-23]。因此，好氧堆肥的主要目的是高效转化 HA 物质。

1.2.3　腐熟度评价

堆肥是包括 OM 矿化和腐殖化的生物氧化过程，最终形成植物毒性低和腐殖化程度高的稳定物质。充分了解堆肥过程中 OM 降解转化过程，正确评价堆肥的稳定性和腐熟度是评价堆肥成功与否的关键[24]。评价堆肥腐殖化过程的方法有很多，其中包括表观分析法：气味、颜色、颗粒大小和水分等；物理学分析法：温度、含水率、EC 和空气保持能力等；化学分析法：pH、氨态氮（NH_4^+-N）、DOC 含量、固相和水相碳氮比（C/N）、阳离子交换能力、元素浓度、OM 水平、DOM 和腐殖化指数；生物学分析法：GI、喜氧细菌相对丰度和耐酸耐碱细菌以及植物生长生物测定；光谱分析法：核磁共振波谱法（NMR）、傅立叶变换光谱（FTIR）和三维荧光分析[25,26]。

1.3　堆肥重金属污染现状

金属元素是保证动物抵抗疾病和促进生长所必需的，但很多养殖场为了提高畜禽生长速度、增强动物抗病能力或调控动物生理与代谢[27]，盲目使用超量添加含有 Cu、Zn、Cr、Fe 等重金属的饲料。由于畜禽对重金属元素利用率很低，只有极小部分能被动物所吸收，大部分都随着畜禽粪便排出体外，将畜禽粪便施入土壤会污染农产品，通过食物链富集危害人体的健康。

饲料中含有大量的重金属元素如 Cu、Zn、Cr、Fe 等，其中每千克饲料中 Cu 可高达数百毫克，Zn 达数千毫克。据统计，全国每年使用的饲料中微量元素为 15 万～18 万 t，而大约有 10 万 t 没有被吸收和有效利用而污染环境[28]。重金属严重污染水质、土壤、大气，然而其重金属污染治理的研究还处在初级阶段，加大治理强度迫在眉睫[30]。在土壤重金属污染治理方面，许多国家采用堆肥腐熟技术进行钝化重金属改善土壤环境。

1.4 堆肥重金属治理现状

堆肥是实现无害化、安全化处理畜禽粪便的有效手段。堆肥原料中大部分是有机质，经堆肥后，有机质在微生物作用下不断降解并进行着腐殖化过程，最终形成腐殖质。在此过程中有机物能够还原、吸附、固定重金属离子，形成占较大比例的有机结合态重金属，从而降低重金属活性。Hsu[31]试验证实，在猪粪中 Cu、Zn 约 60%以潜在生物有效性较高的有机态存在[32]。同时重金属形态在堆肥中的变化是明显的，但是堆肥时间、工艺、原料中的有机成分等都会对堆肥结果产生影响。Milan 等[33]研究表明，在堆肥后各种重金属元素的总量基本没有太大变化，但 Fe、Cu、Zn 等元素的水溶性显著性地降低了。鲍艳宇等研究发现，在堆肥过程中有机质氧化分解产生大量官能团提高了腐殖质与重金属的结合能力，同时通过吸持作用而降低重金属的有效性[34]。郑国砥等试验表明，畜禽粪便堆肥可降低可交换态和碳酸盐交换态 Cu、Zn 以及铁锰氧化物结合态 Cu 占其总量的比例，所以降低了重金属的生物有效性[35]。有研究者用戊二酸或三亚乙基三胺五乙酸（DTPA）浸提分析和 BCR 连续分级提取的测定分析，结果表明堆肥有利于降低重金属的活性，从而降低对土壤和植物的危害[36]，但是在重金属含量高的堆肥中仅靠有机质降解产生的腐殖质难以有效地降低重金属的生物有效性，因而研究人员采用多种方法对堆肥过程进行优化，旨在开发出适用且有效的治理方法。

1.4.1 国外治理现状

1.4.1.1 钝化法

解决畜禽粪便重金属污染的方案目前主要的有两种。一是改变重金属的存在形态，降低其可移动性和可利用性；二是直接去除重金属。添加钝化剂对堆肥物料中的重金属进行钝化处理，是降低其生物有效性的一种有效方法。石灰、粉煤灰等物质是常见的具有较好效果的重金属钝化剂[37,38]。由于添加石灰、粉煤灰增加了堆肥物料 pH，会引起氨挥发损失，此外添加这些物质还可能会引起土壤 pH 增高，抑制作物的产量，因而限制了其应用[39,40]。添加磷酸肥料、石灰性物质和硅酸盐等钝化剂，可以降低重金属元素的溶出，转移及其生物可利用性和其动物吸收[41-43]。但该方法对重金属的去除效率不高，而且堆肥与吸附剂难以分开，仍残留在堆肥产品中。所以，对高效吸附剂的筛选和分离技术仍需进一步研究和完善。

1.4.1.2 化学法

Liphadzi M 研究指出，重金属化学去除方法主要是使堆肥中的重金属由不可溶的化合物向可溶的离子态转化[44]。所以，可以通过提高堆肥的氧化还原电位（Eh）和降低其酸碱度（pH）的办法来去除堆肥中的重金属；还可以通过酸化、离子交换、溶解、表面活性剂和络合剂等使难溶的一些金属化合物转化为可溶态的金属离子或络合物，实现去除的目的。酸化处理是化学方法中研究最多的，另外就是利用络合剂进行处理[44]。酸化处理需要化学试剂来溶解重金属，由于去除过程复杂，而且还会带入新的化学物质，所以一般很难应用于实际。

1.4.1.3 沥浸法

生物沥浸法（bioleaching），又称生物淋滤或生物沥浸法，是一种有效的金属浸提技术，近年来已在国际得到广泛应用。其主要原理是利用某类硫细菌的生物氧化与产酸作用，将重金属转化为可溶性的金属离子从固相沥出进入液相，再采用适宜方法将其从液相中回收[45-48]。该方法具有化学、物理法不可比拟的优点，尤其是对浓度在 10~100 m/L 的含重金属废水处理时，更为有效和经济，从而越来越引起研究人员的关注[49,50]。该方法运行成本低，对重金属的去除效果好，适用于含 Cu、Cr、Pb 等重金属的污泥处理。但是目前将该技术应用于畜禽粪便重金属的处理还没有成熟，还没有具体的理论参考可应用于实际，所以还有很多的问题有待进一步解决和研究。

1.4.2 国内治理现状

1.4.2.1 钝化法

研究表明污泥堆肥处理中，因调理剂的稀释作用使重金属减少

7. 3%~16%[51]。堆肥中加入钝化剂，使其重金属从活性较高的形态向活性较低的形态转化，已有研究表明降低重金属有效态活性可以起到钝化重金属，减少其毒性的作用[52]。许多研究表明，竹炭的添加对 Cu^{2+}、Zn^{2+}、Pb^{2+} 等重金属离子具有很好的吸附效果[53-55]。此外，竹醋液的添加能够促进堆肥的发酵和腐殖化进程[56]。浙江大学[57]研究猪粪堆肥中竹炭对 Cu、Zn 具有很好的钝化效果，而添加"竹炭+竹醋液"可增强对 Cu、Zn 的钝化效果。黄国锋等[58]利用猪粪与木糠混合堆肥试验结果表明，加入树叶有助于降低堆肥中 Cu、Zn 的生物有效性。荣湘民等[59]通过添加风化煤处理猪粪和鸡粪堆肥，结果表明水溶态 Cu、Zn、Cr、As 均具有钝化作用，从而提高了对水溶态重金属元素的钝化效果。还可以通过添加石灰和工业矿渣等使重金属转变成低溶性的稳定状态而不易被浸出[60]。研究不同钝化剂对畜禽堆肥中重金属形态转化以及重金属生物有效性的影响，将是今后研究的重点。

1.4.2.2 化学法

目前污泥堆肥中主要采用有机络合剂来除去重金属，由于污泥和粪便有相类似的地方，可以试图将它应用在畜禽粪便上。添加有机络合剂目的是将一些难溶的金属化合物转化为可溶态的金属络合物予以去除。研究表明利用有机络合剂去除重金属效果很显著，如 EDTA 能与许多重金属元素形成稳定的化合物，使用 0. 01~0. 1 mol 乙二胺四乙酸（EDTA）去除 Pb，发现 EDTA 对 Pb 的提取率可以达到 60%[61]。酸化处理方法虽然是一个处理效果好、技术成熟的方法，但是酸的耗用量也大，并且酸处理后需要用大量的石灰来中和，增加了成本，而且易造成二次污染，而使用 EDTA 等络合剂处理后含有重金属的络合物处理也是一个棘手的问题，且酸化法主要应用于污泥等重金属含量较高的堆肥中，在畜禽堆肥中应用难以推广实现。

1.4.2.3 沥浸法

沥浸法起初应用于难浸提矿石或贫矿中金属的溶出或回收，目前此技术已应用到环境污染治理领域[62]。利用微生物去除重金属时，除了少数重金属元素如 Pb、Cr 的去除率低于 50% 以外，其他元素如

Cu、Zn、Cd、Ni 等的去除率一般在 50% 以上，在一定条件下甚至达90% 以上。杨慧敏等[63] 研究发现，生物沥浸法对于固体浓度为40 g/L 的畜禽粪便来说，当投硫量为 10 g/L，接种量为 10% 时，猪粪生物沥浸 11 d，Cu、Zn 和 Cd 的沥出率可分别达到 90% 以上、90%以上和 70% 以上。利用生物沥浸法去除畜禽粪便中的重金属，可直接利用其中的固有微生物，也可以接种微生物，不仅能加快生物沥浸过程，也能显著提高反应效率，同时把畜禽粪便的好氧消化和重金属沥浸结合起来，在负荷能力低和畜禽粪便固体浓度高时，生物淋滤过程最为经济。尽管生物沥浸法去除重金属的效果良好，但是对畜禽处理的浓度有局限性，而且要求苛刻，同时妥善处理高浓度重金属的沥出液也是个问题，要防止二次污染，通常用电解法回收重金属，但成本较高，须进行中和后才能农用，这同样使成本增加。

1.5 木醋液、生物炭在堆肥中的应用

我国生物质资源储量庞大，农林剩余物总量达 1.2×10^9 t/a[64]。热解是处理生物质资源的有效方式之一，通过热解可以获得木醋液及生物炭等产物，其中生物炭具有特殊的表面化学性质（如富含含氧官能团）、结构属性（如多孔、较大的比表面积）、内在成分（如矿物成分），木醋液具有丰富的官能团，因此通常被当作吸附剂或稳定剂[65]。将其作为添加剂应用于堆肥不仅可以提高资源利用率，减少农林剩余物处理过程中的环境污染，而且对探索低价、高效的农业改良剂具有重要意义。

1.5.1 木醋液在堆肥中的应用

木醋液应用在堆肥过程中，具有脱臭及促进腐熟的效果，同时可以起提高物料的含水率、总氮含量、总磷含量、总钾含量及有机质降解率，降低 pH 值、电导率的作用[66]。张航[67]、周岭等[68] 的研究表明，木醋液在牛粪堆肥过程中通过改变重金属形态，其生物活性降低，达到钝化重金属 Cu、Zn 的效果。刘飞等[69] 的研究表明，棉秆木

醋液在牛粪堆肥过程中通过抑制 CH_4 和 CO_2 的排放，减少堆肥过程中碳的损失，提高了堆肥品质。秦翠兰等[70]的研究表明，木醋液在牛粪堆肥过程中可以提高堆肥初期的升温速率和堆肥后期的温度。HAGNER 等[71]的试验证明，木醋液可以降低牛粪的氨气（NH_3）排放速度。众多学者的研究表明，木醋液在堆肥过程中，对维持温度稳定、促进微生物生长、加快肥料腐熟、增加有机质降解率、提高肥料养分含量、减少粪肥中重金属含量、减少碳、氮的损失、提高堆肥品质具有重要作用。但目前对堆肥应用于作物生长过程中的研究较少，尚不确定堆肥过程中的变化是否会对作物生长产生毒害作用，所以，应针对使用情况进行深入研究。

1.5.2　生物炭在堆肥中的应用

生物炭是由生物质垃圾（如谷物秸秆、果壳残渣、植物根茎等）经超高温炭化法而制成的富碳产物，经过热解炭化可形成孔隙发达、芳香化程度高的富碳微孔结构[72]。而相比于其他材料生物炭具有更好孔隙度和生物相容性，更适合微生物的存活和 OM 的降解转化。生物炭表面的丰富含氧官能团决定了其氧化还原性、高含碳量和多孔的特性，不仅可以单独作为添加剂使用，还可以防止堆肥过程中 HM 离子团聚，而且能够提高堆肥资源化利用效率以避免环境污染[73,74]，是一种有前景且具有成本效益的土壤改良剂。另外，生物炭能够增强堆肥过程中保持水分和养分的能力，刺激微生物活性，将碳应用于堆肥中，并中和酸性土壤的 pH 值，同时在修复 HM 污染方面也表现出巨大的前景[75]。目前生物炭已经成为常用改良剂，广泛用于改善 OM 转化。

生物炭应用堆肥是促进腐殖化和钝化 HM 的有效策略。Awasthi 等[76]发现农家肥与小麦秸秆生物炭混合堆肥能够改善碳和氮的保存，CH_4 减少 95%，N_2O 减少 97%。Zhou 等[77]发现 PM 混合锯末木生物炭堆肥对 Cu、Pb 和 Cd 的钝化率分别为 94.98%、65.55% 和 68.78%。同时，应用生物炭对堆肥有诸多好处，包括改善 PM（猪粪）堆肥工艺，改善氮保存，促进养分转化和保存，有利于供氧以及改善土壤理化性质。生物炭的堆肥应用能够提高其表面反应性，增加养分负荷，刺激微生物定植和降解堆肥中的有害物质[78]。为了实现最佳的堆肥效果，通常建议堆肥中添加 10% 的生物炭[79-81]。尽管有上述结论，但仍有研究表明低剂量生物炭（3%）对羊粪堆肥的腐熟产生了积极效果，而 S'anchez-García 等[82]发现 3% 生物炭对畜禽堆肥工程的固氮效果没有影响。Awasthi 等[83]发现 7.5% 的生物炭改变了 Cu 和 Zn 的生物有效性的组成。Zhou 等发现在 HM 胁迫下，6% 的生物炭是对微生物增殖最有益的添加量。另外，20% 的生物炭也已成功应用于酒渣堆肥[84]。因此，由于堆肥初始物料特性的不同以及生物炭含量的差异，不同原料对生物炭的需求和生物炭所起的作用也不同。

第 2 章

棉秆木醋液对牛粪堆肥过程中 Cu、Zn 钝化作用的调控研究

2.1 棉秆木醋液对牛粪堆肥中理化性质的影响

2.1.1 试验材料与方法

2.1.1.1 试验材料

试验所用牛粪取自新疆阿拉尔市某养殖场；秸秆取自该养殖场，粉碎至 1.5 cm 左右的碎段；棉秆来自阿拉尔市十团；其理化性质见表 2-1。将风干棉秆直接放入如图 2-1 及图 2-2 所示的生物质热裂解试验装置中，每次进料 1 kg，起始温度 20℃，终止温度 500℃，热解 2 h。气体经冷凝装置冷凝为液体，在出口收集到的木醋液为粗木醋液，静置沉淀后取上清液体，即为试验所用棉秆木醋液，其理化性质见表 2-2。

表 2-1 试验材料理化性质

原材料	总有机碳（%）	总氮（%）	碳氮比	电导率（mS/cm）	含水率（%）	pH
牛粪	21.24	0.76	27.95	0.85	45.55	7.18
水稻秸秆	35.85	0.32	112.03	0.88	6.28	6.86

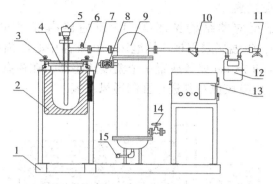

1. 底座　2. 热解炉　3. 螺栓　4. 热解炉盖　5. 热电偶　6. 安全阀　7. 加热管
8. 出水阀　9. 冷凝器　10. 过滤器　11. 排气阀　12. 煤气表　13. 电控箱
14. 进水阀　15. 排木醋液、木焦油阀

图 2-1　生物质热裂解试验装置示意图

图 2-2　生物质热裂解试验装置

表 2-2　木醋液理化性质

项目	pH	密度 (kg/L)	焦油 (%)	表面张力 10^{-2} (N/m)	含水率 (%)	酸类 (%)	酮类 (%)	醇类 (%)	醛类 (%)
木醋液	4.84	0.97	1.46	3.5	83.69	28.05	8.51	19.96	7.17

2.1.1.2 堆肥装置

自制堆肥反应器结构见图 2-3，反应器内部尺寸为 90 cm×90 cm×90 cm，保温层采用聚乙烯泡沫。在堆体中心距离底部分别在 15 cm、45 cm 和 75 cm 处各放置一个温度传感器；在距离箱底开孔将通风管插入，用鼓风机对其进行强制通风供氧。

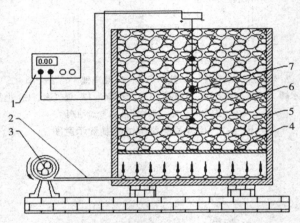

1. 温度巡检仪　2. 通风管　3. 鼓风机　4. 筛子
5. 保温层　6. 牛粪　7. 温度传感器

图 2-3　自制好氧堆肥反应器

2.1.1.3 试验设计

以牛粪为原料，以秸秆为调理剂，调节含水率至 60%～65%，C/N 至 25～30，按试验要求加入木醋液作为钝化剂，将物料充分混匀进行好氧堆肥。堆肥过程中强制通风供氧，通风量控制在 0.2 m³/min 左右，供氧周期为一周两次，每次 30 min，堆制 56 d。李治宇[85]等的堆肥试验研究表明棉秆木醋液的添加比例在 0.35%～0.65% 时对堆肥过程重金属钝化有较好的促进作用，因此试验共设置 4 个处理组：

　　F1 组：牛粪+0.35% 木醋液；

　　F2 组：牛粪+0.50% 木醋液；

F3 组：牛粪+0.65%木醋液；

CK 组：牛粪+0.00%木醋液。

木醋液的添加比例均为木醋液和牛粪体积的比值，使用时将木醋液加入 2 000 mL 去离子水进行稀释，CK 组添加 2 000 mL 去离子水。

2.1.1.4　样品采集与保存

分别于第 0、7、14、21、28、35、42、49、56 d 采集堆体上、中、下三层物料，混合均匀，样品测完 pH 值、EC 值后自然风干，研磨并过 60 目筛，置于 4℃下保存备用。

2.1.1.5　分析方法

温度于每日 11:00 采用温度传感器对堆体及室温进行检测，测定三次取平均值。

pH 和 EC：牛粪鲜样与去离子水固液比 1:10 进行浸提，过滤待测。测定 pH 值所用仪器为 PHS-3C 型 pH 计，测定 EC 值使用 DJS-1C 型电导电极。

腐殖质：用 $Na_4P_2O_7$-NaOH 混合溶液提取后，调节 pH 来分离富里酸（FA）和胡敏酸（HA），采用重铬酸钾容量法测定含量[86]。

2.1.2　温度的变化

堆体温度能很好地反映出堆肥过程中微生物活动强度情况。随着堆肥的进行，微生物活动加剧，在降解有机物的过程中不断释放出能量，使堆体温度上升。图 2-4 为堆肥过程中堆体温度变化，从堆肥升温初期至腐熟结束的温度变化来看，四组处理均达到了 50℃以上，且持续时间在 5 d 以上，达到了畜禽粪便无害化处理的标准。其中木醋液处理的堆体在堆肥前期温度迅速上升，在 4 d 进入高温期，高温持续天数 30 d 以上，最高温度达 64.8℃。从升温时间来看，对照组在 6 d 进入高温期，添加木醋液后比堆体更早进入高温期，说明木醋液的添加对堆体升温速率有明显的促进作用，且添加木醋液的处理组，整体温度高于对照组，F3 处理最明显。说明木醋液能有助于微生物活性的提高，增加微生物活动，加快堆肥速率。这可能有两个方面的原因，一方面可能是木醋液的添加为堆体提供了一定量的有机质，促进了微生物的代谢活动与产热，另一方面可能是因为高浓度的木醋液能够促进溶解基质和氧气在堆肥颗粒中的扩散，改善堆体的透气和透水性，从而提高微生物的活动。

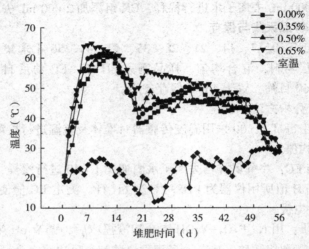

图 2-4　堆体温度变化

2.1.3　pH 值的变化

pH 值的变化是影响堆肥过程的重要参数，也是影响堆肥过程的重要因素。有研究表明，堆体在偏碱性的环境中更利于微生物量和多样性的增加，同时偏碱性的环境也更利于重金属的钝化。图 2-5 为堆体 pH 值变化。pH 值的变化趋势是先上升后下降。堆肥前期 pH 值开始明显上升，随着堆肥的进行 pH 值又开始下降。这是由于在堆肥初期微生物的活动有机酸和含氮有机物开始降解，氨的释放明显提高了堆体的 pH 值。随着堆肥的进行，新生成的有机酸和酚类物质导致了堆肥 pH 值的下降。在堆肥初期，对照组和处理组的 pH 值变化差别不大，可能是由于腐殖质够缓冲酸碱度变化。在本试验中 pH 值始终保持在偏碱性范围，堆肥结束后较堆肥初期有少量增加。添加木醋液处理组与对照组相比 pH 值有小幅度上升，说明添加木醋液对微生物活动有一定促进作用。

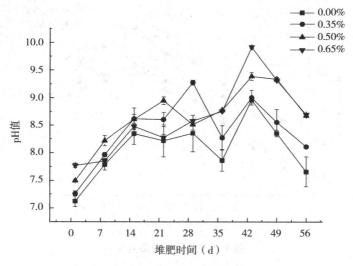

图 2-5　堆体 pH 值变化

2.1.4　电导率的变化

EC 值表示的是可溶性盐的变化，有机肥中的可溶性盐对作物具有一定的毒害作用，电导率可以反映出堆肥浸提液中可溶性盐的多少，当电导率超过 4 mS/cm 时，作物的生长将会被抑制。图 2-6 为堆体电导率变化，对照组和处理组基本同时呈现先上升后下降的趋势，但总体来说添加木醋液处理组 EC 值略大于对照组，一方面可能是因为木醋液中含有大量氢离子，导致铵盐的含量增加使得 EC 上升；另一方面是由于有机质的大量降解使得矿物离子被释放所引起的。在堆肥中后期 EC 有小幅下降，这是由于随着堆肥的进行氨气发生了挥发以及矿物离子产生了沉淀。堆肥结束后，木醋液处理 EC 均在合理范围之内的，符合有机肥的标准[87]。

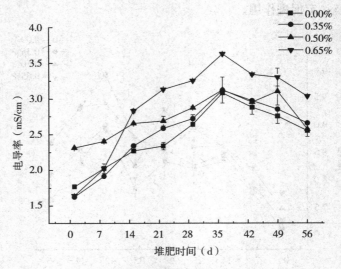

图 2-6　堆体电导率变化

2.1.5　堆肥过程中有机碳形态的变化

堆肥过程中各形态提取有机碳分配比变化如图 2-7 和表 2-3 所示。随着堆肥的进行，在 CK 组中，总可提取态有机碳比率呈现先降低后增加的趋势。而 F1、F2、F3 处理组，总可提取态有机碳呈现逐渐上升的趋势，且增加的幅度随着木醋液添加比例的增大而增大。在堆肥前期，CK 组总可提取态有机碳的降低可能是由于堆体中不稳态有机质大量降解转化成 CO_2 挥发引起的，而处理组总可提取态有机碳一直呈现逐渐上升的趋势，这可能是一方面由于木醋液的加入使 CO_2 等温室气体的排放降低，另一方面可能是由于木醋液中含有一定量的有机碳。总可提取态碳的增加则主要是由于堆肥原料中的较稳定形态碳（纤维素、木质素等）被大量降解转化为腐殖质引起的。

水溶性有机碳在 CK 组和 F1、F2、F3 处理组中均呈现出降低的趋势且降低的幅度随着木醋液添加比例的增加而增大。在堆肥结束时，CK 组水溶性有机碳降低了 0.63%，而 F1、F2、F3 处理水溶性有机碳分别降低了 1.36%、1.4% 和 1.65%。同对照处理相比，木醋液的添加降低了堆肥产品中水溶性有机碳占总有机碳的分配比。

CK 组 KCl 提取态有机碳呈现先减少后增加的趋势。在处理组中，KCl 提取态有机碳在前两周的变化不是很明显，但是在第 14 d 开始直至堆肥结束，KCl 提取态有机碳有明显增加，且随着木醋液添加比例的增加 KCl 提取态有机碳的增加速率提高。但是 KCl 提取态有机碳在堆肥可提取态碳中所占的含量最低，仅占堆肥总有机碳的 2%~3%。

$Na_4P_2O_7$ 提取态有机碳在 CK 组中呈现先降低后增加的趋势，不过堆肥后 $Na_4P_2O_7$ 提取态有机碳含量要明显高于堆肥前。堆肥结束时，CK 组 $Na_4P_2O_7$ 提取态有机碳增加了 2.89%。而在 F1、F2、F3 处理组中 $Na_4P_2O_7$ 提取态有机碳随堆肥进行呈现递增的趋势。堆肥结束时，F1、F2、F3 处理组中 $Na_4P_2O_7$ 提取态有机碳分别增加了 4.66%、5.49% 和 6.65%。NaOH 提取态有机碳在 CK 组和 F1 处理组中都呈现出降低的趋势，而 F2 和 F3 处理组中随着堆肥的进行呈现先降低后增加的趋势。在堆肥结束后，各处理组中 NaOH 提取态有机碳均低于堆肥前。CK 组和 F1、F2 和 F3 处理组 NaOH 提取态有机碳分别降低了 2.22%、1.16%、0.86% 和 0.21%。

$Na_4P_2O_7$ 和 NaOH 提取态有机碳主要为腐殖质中的碳，这两种形态的有机碳分配比的变化能很好反应出腐殖质的演化情况。在堆肥前期，三个处理组中 NaOH 提取态有机碳含量要明显的高于 $Na_4P_2O_7$ 提取态。堆肥结束后，在 CK 组和 F1、F2、F3 处理组中 $Na_4P_2O_7$ 提取态有机碳含量均明显高于 NaOH 提取态。F1、F2、F3 处理组变化幅度大于 CK 组，说明牛粪堆肥过程中有机质的腐殖化产生的腐殖质以 $Na_4P_2O_7$ 提取态腐殖质为主，木醋液的添加能促进 $Na_4P_2O_7$ 提取态腐殖质的生成。

HNO_3 提取态有机碳在处理组和对照组中都呈现先增加后降低的趋势，且堆肥后的含量低于堆肥前，说明 HNO_3 提取态有机质被逐渐的腐殖化。对照组 HNO_3 提取态有机碳在前三周提高了 0.63%，在第 4 周开始出现明显的降低直至堆肥结束。处理组与之相比，HNO_3 提取态有机碳减少的时间提前了一周，表明木醋液的添加加速了 HNO_3

提取态有机碳腐殖化的速率。

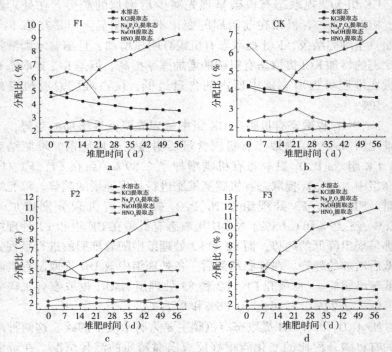

图 2-7　堆肥过程中各形态提取碳分配比

表 2-3　堆肥前后各形态提取碳分配比变化

处理	堆肥时间 (d)	可提取态碳（%）					总量 (%)
		H_2O	KCl	$Na_4P_2O_7$	NaOH	HNO_3	
CK	0	4.22	1.87	4.14	6.38	2.35	18.96
	56	3.59	2.15	7.03	4.16	2.13	19.06
F1	0	4.87	1.91	4.55	6.05	2.28	19.66
	56	3.51	2.62	9.21	4.89	1.99	22.22
F2	0	4.96	1.86	4.76	5.94	2.25	19.77
	56	3.56	2.64	10.25	5.08	1.93	23.46
F3	0	5.12	1.89	5.11	6.19	2.31	20.62
	56	3.47	2.7	11.76	5.98	2.04	25.95

表 2-4 和图 2-8 为堆肥过程中有机碳在腐殖质中的分布变化。从表中可以看出，堆肥结束时，处理组腐殖碳含量均高于对照组

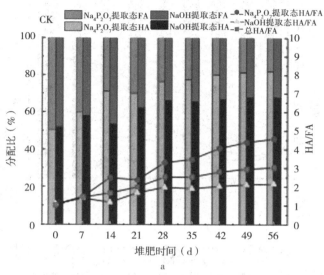

a

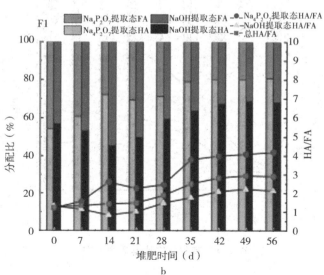

b

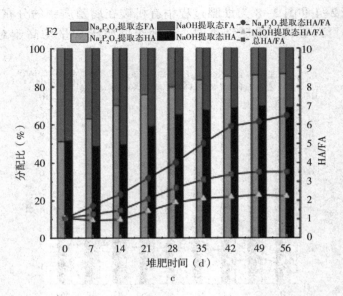

c

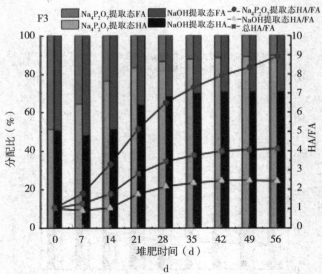

d

图 2-8   有机碳在腐殖质中分布

（CK 组），F1、F2、F3 处理组分别比对照组高 0.22%、1.8% 和 2.4%，说明木醋液的添加促进了堆肥过程中腐殖质的形成。从图 2-8 中可以发现，$Na_4P_2O_7$ 和 NaOH 提取态腐殖质中 HA/FA 呈现快速上升的趋势，且 F2 和 F3 处理组变化量明显大于 CK 组和 F1 处理组，说明木醋液添加到一定比例后，能提高堆肥腐殖化程度和有机质的稳定。

表 2-4 堆肥过程中有机碳在腐殖质中分布变化

处理	时间 (d)	总提取态腐殖碳 (%)	HA (%)	$Na_4P_2O_7$ FA (%)	HA/FA	HA (%)	NaOH FA (%)	HA/FA	总 HA/FA
CK	0	9.97	50.25	49.75	1.01	52.11	47.89	1.09	1.05
	56	14.75	82.05	17.95	4.57	68.38	31.62	2.16	3.03
F1	0	9.05	54.46	45.54	1.20	56.69	43.31	1.31	1.25
	56	14.97	80.77	19.23	1.20	68.14	31.86	2.14	2.91
F2	0	8.78	51.17	48.83	1.05	51.68	48.32	1.07	1.06
	56	16.55	86.61	13.39	6.47	69.03	30.97	2.23	3.51
F3	0	7.93	51.03	48.97	1.04	50.47	49.53	1.02	1.03
	56	17.15	89.91	10.09	8.91	70.85	29.15	2.43	4.10

2.1.6 堆肥过程中腐殖质的变化

堆肥是一个堆体物料在微生物的作用下不断腐殖化和矿化的过程，堆体的腐熟程度可以通过堆肥过程中腐殖质含量的变化来体现。图 2-9 为不同处理组的牛粪堆肥中腐殖质含量的变化图。从图中可以得出，随着堆肥反应的进行，处理组（F1、F2、F3 组）和对照组（CK 组）中的堆肥腐殖质总含量呈现下降的趋势。堆肥结束时 CK 组和 F1、F2、F3 处理组腐殖质含量分别降低了 27 g/kg、32.26 g/kg、40.5 g/kg 和 34.8 g/kg，堆体中胡敏酸（HA）和富里酸（FA）也都呈现不同程度的下降。目前，关于堆肥前后腐殖质总量的变化没有一致的结论，葛骁等在污泥和菌菇渣、秸秆堆肥研究发现，堆肥后腐殖质相比堆肥前降低了 14.6%[88]。栾润宇等将鸡粪和海泡石堆肥发现腐殖酸和胡敏酸呈现明显上升[89]，这是由于堆肥原料的差异性所引起的。本试验中，处理组和对照组 HA/FA 均呈现增加趋势，处理组在 0~7 d 时增幅最大，而对照组在 7~14 d 时增幅最大，堆肥结束时，对照组和 F1、F2、F3 组的 HA/FA 分别升高至 3.56、4.06、4.31 和 4.69，在堆肥结束后 HA/FA 增大与前人研究结果一致。本研究说明木醋液的添加促进了有机质的降解，F3 组处理效果最佳。

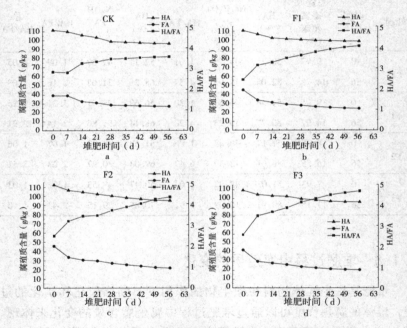

图 2-9　不同处理组的牛粪堆肥中腐殖质含量的变化

2.1.7　小结

以棉秆木醋液作为钝化剂，研究了棉秆木醋液对牛粪堆肥过程中基本理化性质的影响，结果表明如下：

（1）棉秆木醋液的添加提高了牛粪堆肥过程温度上升速率和高温持续时间，添加 0.65% 的木醋液处理组效果最为显著，高温持续时间达 30 d，最高温度 64.8℃。棉秆木醋液的添加对 pH 的影响较小，增加了堆肥的 EC，但都在合理的范围内，符合有机肥的标准。

（2）木醋液的添加有利于牛粪堆肥固体产物中有机碳从水溶态向固态的转化，促进堆肥过程中腐殖化的程度。F3 处理组中水溶态有机碳、$Na_4P_2O_7$ 提取态腐殖质及 NaOH 提取态腐殖质堆肥前后 HA/FA 变化要明显大于其余处理，为最佳处理组。

（3）HA/FA 的变化随棉秆木醋液的添加比例的增加而增大，当添加比例为 0.65% 时，变化幅度为 4.69。棉秆木醋液处理组腐殖化程度更高，有机质组分更加稳定。

2.2   棉秆木醋液对牛粪堆肥过程中重金属形态演化的影响

木醋液是生物质热解过程中的混合气体经过冷凝回收所得的无毒害作用、无污染的天然物质。有研究表明将来源广泛且廉价易得的木醋液用于畜禽粪便堆肥，不但可以钝化重金属，降低温室气体的排放，还能促进有机质的降解。但是关于添加木醋液对于牛粪堆肥中对重金属钝化的影响和机制仍不清楚。本节通过对牛粪堆肥固体产物进行有机质和不同形态重金属的分级提取，探讨了不同添加比例的棉秆木醋液对牛粪堆肥过程中有机物的变化影响和重金属钝化的机制。He 等[90] 利用 H_2O、KCl、$Na_4P_2O_7$、NaOH、HNO_3 作为提取剂对堆肥固体产物进行分级提取和研究，该方法主要侧重于重金属与 $Na_4P_2O_7$ 和 NaOH 提取态有机物的研究，因此，通过该分级提取的方法分析堆肥过程中重金属 Cu、Zn 形态与腐殖质的演化过程，能很好的反映木醋液对牛粪堆肥重金属钝化的机理。

2.2.1　试验材料与方法

堆肥材料为 2.1 所采集保存原料，分级提取方法和提取材料如表 2-5 所示。提取液中各形态重金属含量采用火焰原子吸收仪检测；腐殖质中富里酸（FA）和胡敏酸（HA）通过调节 pH 来分离提取，采用重铬酸钾容量法测定含量。

表 2-5　分级提取方法

形态	提取试剂	操作方法
水溶态	去离子水	固液比 1：40，250 rpm 连续振荡 24 h，12 000 r/min 离心 30 min，上清液过 0.45 滤膜，待测。残余样品用去离子水洗涤后下一步使用
可交换态	1 mol/L KCl	固液比 1：40，250 rpm 连续振荡 24 h，12 000 r/min 离心 30 min，上清液过 0.45 滤膜，待测。残余样品用去离子水洗涤后供下一步使用
有机络合态	1 mol/L Na$_4$P$_2$O$_7$	固液比 1：40，250 rpm 连续振荡 24 h，12 000 r/min 离心 30 min，离心前加入 1g KCl，上清液过 0.45 滤膜，待测。残余样品用去离子水洗涤后供下一步使用
有机结合态	1 mol/L NaOH	固液比 1：40，250 rpm 连续振荡 24 h，12 000 r/min 离心 30 min，上清液过 0.45 滤膜，待测。残余样品用去离子水洗涤后下一步使用
矿物质态	4mol/L HNO$_3$	固液比 1：40，250 rpm 连续振荡 24 h，12 000 r/min 离心 30 min，上清液过 0.45 滤膜，待测。残余样品用去离子水洗涤后下一步使用
残渣态	10 mL H$_2$SO$_4$ 5 mL HNO$_3$ 2.5 mL HF	消解，待测

2.2.2　木醋液对牛粪堆肥中重金属总量变化的影响

2.2.2.1　木醋液对重金属 Cu 含量的影响

图 2-10 为堆肥过程中重金属 Cu 总量变化图。从图中可知，重金属 Cu 在堆肥过程中呈现先降低再增加的趋势，在堆肥结束后 CK

组和 F1、F2、F3 处理组重金属 Cu 含量分别从 12.626 mg/kg、12.077 mg/kg、11.023 mg/kg 和 11.671 mg/kg 变化至 11.9 mg/kg、12.102 mg/kg、12.357 mg/kg 和 13.865 mg/kg，分别增加了 -5.75%、2.07%、12.1% 和 18.8%。除 CK 组重金属 Cu 含量有少量下降，各处理组在堆肥结束后出现不同程度的增加，F3 组增幅最大。

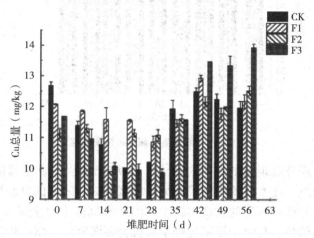

图 2-10　堆体重金属 Cu 总量变化

2.2.2.2　木醋液对重金属 Zn 含量的影响

图 2-11 为牛粪堆肥过程中各处理组重金属 Zn 总量变化，从图中可以看出重金属 Zn 总量变化并不明显。在堆肥结束后，对照组和处理组重金属 Zn 出现不同程度的少量增幅，CK 组和 F1、F2、F3 组重金属 Zn 含量分别从 121.257 mg/kg、128.043 mg/kg、126.316 mg/kg 和 126.431 mg/kg 增加至 128.072 mg/kg、133.138 mg/kg、129.931 mg/kg 和 130.664 mg/kg，分别增加了 5.62%、3.98%、2.86% 和 3.33%。

堆肥过程是减量化的过程，在堆肥过程中，随着微生物的活动，有机质不断降解，导致堆体中的各类元素不断流失，包括碳、氮、氧、氢等。随着堆肥的进行，堆体体积开始慢慢变小，而堆体中重金属质量分数增加，从而表现出"相对浓缩效应"，这是堆肥前后重金

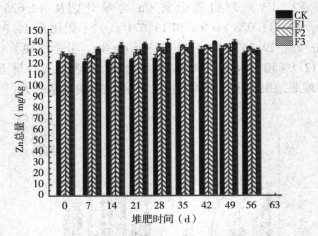

图 2-11　堆体重金属 Zn 总量变化

属浓度出现升高现象的原因之一[91]。在堆肥过程中重金属属于不可降解的物质，在本试验中所采用的堆肥装置为封闭式的自制堆肥反应器，通过渗滤液流失的重金属较少。因此本试验中重金属 Cu、Zn 含量有增高趋势，是由于堆肥过程中有机物逐渐降解，CO_2 和挥发性物质的挥发造成的。因此，仅仅从重金属 Cu、Zn 总量变化并不能完全的反映钝化剂对重金属产生的影响，堆肥前后重金属的形态变化在分析堆肥过程中的钝化效果显得非常重要。

2.2.3　堆肥过程中重金属形态的变化

2.2.3.1　堆肥过程中重金属 Cu 的形态变化

　　堆肥过程中各形态 Cu 分配率变化如图 2-12 所示。在堆肥前期水溶态 Cu 分配比有少量增加，这是由于有机质降解导致部分 Cu 转化为离子形态。随着堆肥的进行，水溶态 Cu 逐渐向其他形态转变，分配开始降低。在对照处理中，随着堆肥的进行，CK 组和 F1、F2、F3 处理组水溶态 Cu 分别从 15.55%、14.19%、10.15%和 12.2%降低到了 14.17%、11.65%、7.28% 和 8.68%，分别降低了 1.38%、2.54%、2.87%和 3.52%。水溶态 Cu 分配率变化趋势与水溶性有机碳浓度的变化一致，说明水溶性有机碳是影响水溶性 Cu 的重要因素。木醋液的添加有助于降低水溶性有机碳的含量，降低对溶态 Cu 的分配比。

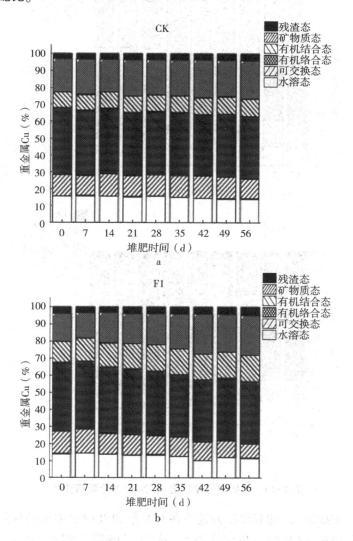

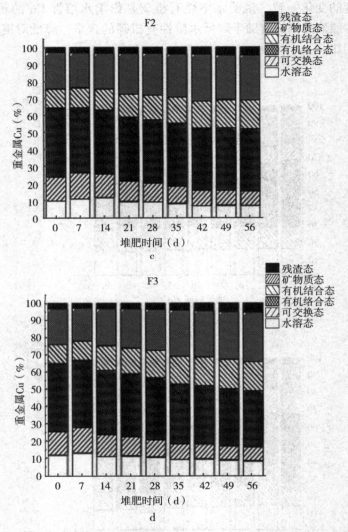

图 2-12　堆肥过程中重金属 Cu 形态分配率变化

可交换态 Cu 随着堆肥的进行在对照组和处理组中都呈现降低趋势。对照组（CK 组）可交换态 Cu 从 21.79% 降低到 11.98%，降低

0.81%；F1 处理组从 13.25%降低到 8.58%，降低了 4.67%；F2 处理组分别从 19.98%降低到了 8.66%，降低了 5.32%；F3 处理组从 13.42%降低到了 7.97%，降低了 5.45%。木醋液的添加显著提升了可交换态 Cu 的降低幅度。

有机络合态 Cu 对照组和处理组中都呈现明显地降低趋势，CK 组和 F1、F2 和 F3 组有机络合态 Cu 分配比分别从 39.65%、40.11%、40.38%和 39.27%降低到了 36.87%、36.39%、36.12%和 32.37%，分别降低了 2.78%、3.27%、4.62%和 6.9%。有机络合态 Cu 是牛粪堆肥固体产物中重金属的主要形态，与之对应的 $Na_4P_2O_7$ 提取态有机碳也是牛粪堆肥固体产物中有机碳的主要形态。但是 $Na_4P_2O_7$ 提取态有机碳呈现增加趋势，而牛粪堆肥固体产物中有机络合态 Cu 含量呈现降低趋势，说明 Cu 与 $Na_4P_2O_7$ 提取态腐殖质之间结合能力相对较弱，不够稳定，随着堆肥的进行，有机络合态 Cu 会向更稳定的形态转变。木醋液的添加能促进堆肥过程中有机络合态 Cu 转化为更稳定的形态。

有机结合态 Cu 在对照组和处理组中都呈现为增加的趋势，且木醋液处理组涨幅明显大于对照组。CK 组和 F1、F2 和 F3 组分别从 9.36%、12.21%、11.36% 和 11.04% 增 加 到 10.49%、15.54%、16.94%和 17.02%，分别增加了 1.13%、3.33%、5.58%和 5.98%。与 $Na_4P_2O_7$ 提取态有机碳相比，NaOH 提取态腐殖质更为稳定，与 Cu 的络合能力也更强。木醋液的添加增加了 NaOH 提取态有机碳含量，从而增加了有机结合态 Cu 的分配比。

矿物质态 Cu 在牛粪堆肥固体产物中的含量也较高。随着堆肥的进行矿物质态 Cu 在所有处理中都呈现增加的趋势，CK 组中矿物质提取态 Cu 从 19.57%增加到 22.54%，增加 2.97%；F1 处理组从 16.478%增加到 23.01%，增加了 6.54%%；F2 处理组从 21.06%增加到了 26.35%，增加了 5.29%；F3 处理组从 20.81%增加到了 28.48%，增加了 7.67%。木醋液的添加促进了矿物质态 Cu 的生成。

残渣态 Cu 在处理组和对照组中所占含量较少，仅 5%左右。随着堆肥的进行，CK 组和 F1、F2 和 F3 组分别从 3.08%、3.77%、3.07%和 3.26%增加到 3.95%、4.83%、4.65%和 5.48%，分别增加了 0.87%、1.06%、1.58% 和 2.22%。木醋液的添加有利于残渣态 Cu 的生成。

2.2.3.2 堆肥过程中重金属 Zn 的形态变化

堆肥过程中 Zn 形态变化如图 2-13 所示。水溶态 Zn 在 CK 组和

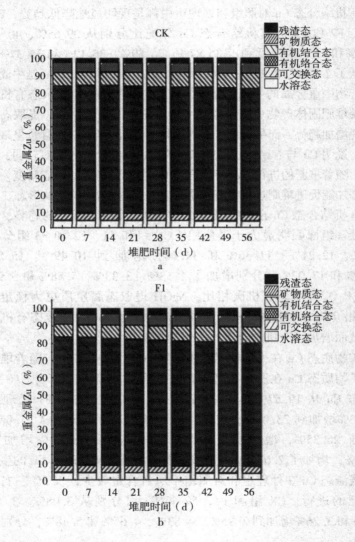

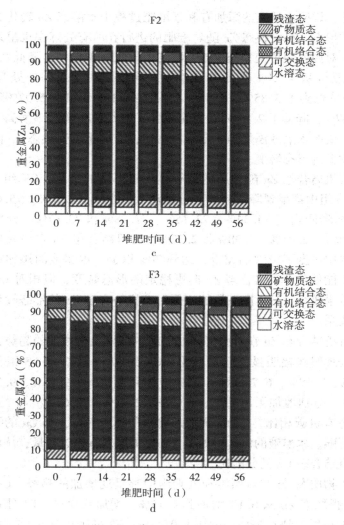

图 2-13　堆肥过程中重金属 Zn 形态变化

F1、F2、F3 组中都呈现降低趋势，分别从 4.55%、4.59%、4.95% 和 4.85% 降低到了 3.94%、3.89%、3.68% 和 3.16%，分别降低了 0.61%、0.7%、1.27% 和 1.69%。木醋液的添加降低了堆肥后 Zn 的

分配比，说明木醋液的添加有利于堆肥过程中水溶态 Zn 转化为更加稳定的形态。可交换态 Zn 随着堆肥的进行在所有处理中也呈现降低趋势。对照处理可交换态 Zn 从 4.08%降低到 3.82%，降低 0.26%；F1 处理组从 4.21%降低到 3.91%，降低了 0.3%；F2 处理组从 4.68%降低到了 3.85%，降低了 0.83%；F3 处理组从 5.92%降低到了 3.67%，降低了 2.25%。F3 处理组可交换态 Zn 降幅显著高于其他三组，说明木醋液添加到一定浓度之后，有助于可交换态 Zn 向生物有效性低的形态转变。

有机络合态 Zn 随堆肥的进行呈现出下降的趋势，CK 组和 F1、F2、F3 组中都呈现降低趋势，分别从 75.23%、74.96%、75.66%和 76.19%降低到了 74.34%、72.15%、73.28%和 73.87%，分别降低了 0.89%、2.81%、2.38%和 2.32%。有机结合态 Zn 在牛粪堆肥固体产物中占据了极大的比重，达到 70%以上。木醋液的添加在一定程度上能处理有机络合态 Zn 向更稳定的形态转变，但相对 Cu 形态转变效果较小，且木醋液添加比例对有机络合态 Zn 的形态转变没有显著关系。

有机结合态 Zn 在对照组和处理组中都呈现为增加的趋势，且木醋液处理组涨幅明显大于对照组。CK 组和 F1、F2 和 F3 组分别从 7.83%、7.18%、6.78%和 6.35%增加到 8.96%、9.15%、9.21%和 9.02%，分别增加了 1.13%、1.97%、2.43%和 2.67%。与 $Na_4P_2O_7$ 提取态有机碳相比，NaOH 提取态腐殖质更为稳定，与 Cu 的络合能力也更强。木醋液的添加增加了 NaOH 提取态有机碳含量，从而增加了有机结合态 Cu 的分配比。

矿物质态 Zn 在对照组和处理组中都呈现增加的趋势，CK 组中 HNO_3 提取态 Zn 从 6.1%增加到 6.16%，增加 0.06%；F1 处理组的从 6.31%增加到 6.78%，增加了 0.47%；F2 处理组从 5.05%增加到了 5.63%，增加了 0.63%；F3 处理组从 4.45%增加到了 6.24%，增加了 1.79%。木醋液的添加促进了 HNO_3 提取态 Zn 的生成。

残渣态 Zn 在处理组和对照组中所占含量较少，仅 5%左右。随着堆肥的进行，CK 组和 F1、F2 和 F3 组分别从 2.21%、2.75%、

2.88%和2.24%增加到2.48%、4.14%、4.85%和4.54%，分别增加了0.27%、1.37%、1.97%和2.3%。木醋液的添加有利于残渣态 Zn 的生成。

2.2.4　木醋液对牛粪堆肥重金属钝化效果的影响

2.2.4.1　木醋液对牛粪堆肥重金属 Cu 钝化效果的影响

研究重金属形态常常采用 BCR 连续提取法，生物可利用态主要为可交换态和可还原态，容易被植物吸收；而可氧化态和残渣态则属于相对稳定的重金属形态。由图 2-14 可知，堆肥前后各处理组的可氧化态 Cu 含量最高，另外是可还原态和可交换态，残渣态所占比例最小。堆肥后 CK、F1、F2 和 F3 处理组可交换态 Cu 含量分别降低了 18.35%、17.19%、20.07%和 19.52%。可还原态 Cu CK 组和 F1、F2 和 F3 三个处理组呈现不同程度的减少，但减少的幅度都较低。可氧化态 Cu 三个处理组 F1、F2、F3 均出现显著增加，分别增加了 2.61%、34.85%和 33.37%，而 CK 组减少了 11.24%。残渣态 Cu 各处理组分别增加了 159.23%、150.66%、103.41%和 257.18%。

由表 2-6 可知，堆肥的过程中，各处理组中 Cu 的可交换态分配率都在不同程度的减少，其中以 F3 处理组的减幅最大，另外是 F2 组>F1 组>CK 组。处理组可还原态 Cu 分配率较 CK 组出现明显的减少趋势，分别减少 0.38%、2.76%、4.41%和 5.25%。四个处理组可氧化态 Cu 分配率不同程度的增加，分别增加了 2.6%、0.62%、7.97%和 5.22%，各处理组中 F2 处理组变化最为显著，然后是 F3 处理组。堆肥后 CK 组和 F1、F2、F3 处理组残渣态 Cu 分配率分别提高了 5.63%、4.91%、2.79%和 6.53%。可交换态 Cu 钝化效果依次为 F3 组>F1 组>CK 组>F2 组，其中可交换态钝化效果最好的是 F3 处理组，达到了 32.28%。说明木醋液的添加能促进牛粪堆肥过程中各形态重金属 Cu 向生物有效性低的形态转化，最佳添加比例为 0.65%。

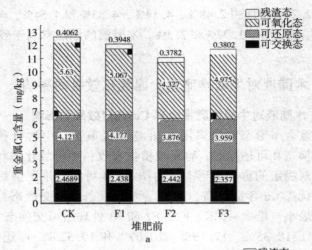

a

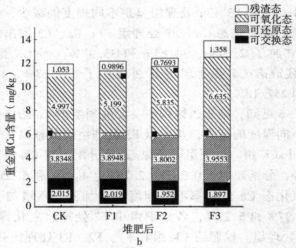

b

图 2-14 堆肥前后各形态重金属 Cu 变化

表 2-6 各形态重金属 Cu 分配率   单位:%

处理		可交换态	差值	可还原态	差值	可氧化态	差值	残渣态	差值
CK	堆肥前	19.55	-2.62	32.61	-0.38	44.59	2.6	3.22	5.63
	堆肥后	16.93		32.23		41.99		8.85	

（续表）

处理		可交换态	差值	可还原态	差值	可氧化态	差值	残渣态	差值
F1	堆肥前	20.19	-3.4	34.59	-2.76	41.96	0.62	3.27	4.96
	堆肥后	16.79		32.4		42.58		8.23	
F2	堆肥前	21.57	-5.77	35.16	-4.41	39.25	7.97	3.43	2.8
	堆肥后	15.8		30.75		47.22		6.23	
F3	堆肥前	20.2	-6.52	33.92	-5.25	42.63	5.22	3.26	6.53
	堆肥后	13.68		28.67		47.85		9.79	

2.2.4.2　木醋液对牛粪堆肥重金属 Zn 钝化效果的影响

由图 2-15 可知，在堆肥前后 CK、F1、F2 和 F3 处理组中都以可交换态和可还原态为主，两者的含量占全 Zn 含量的 75% 以上，说明 Zn 在未进行堆肥的牛粪中具有较高的生物可利用性。在堆肥的过程中，可交换态 Zn 分配比逐渐降低，可还原态 Zn 分配比逐渐升高。从表 2-7 可以发现，堆肥结束后，对照组（CK 组）、F1、F2、F3 处理组中可交换态 Zn 分配比分别降低了 8.93%、8.6%、9.44% 和 9.8%，可还原态 Zn 分配比分别升高了 7.25%、4.7%、4.26% 和 -0.22%。在对照组中，可氧化态 Zn 堆肥后比堆肥前分别增加了 1.44%、3.44%、4.65%、8.78%。木醋液的添加促进了可氧化态 Zn 的生成。添加 0.50%、0.65% 木醋液的处理组的可交换态 Zn 降幅和可氧化态 Zn 的增幅都大于对照组，表明添加 0.50% 和 0.65% 比例的木醋液可以促进堆肥过程中可交换态 Zn 转化为可氧化态，降低 Zn 生物有效性，F2 处理组和 F3 处理组可交换态钝化效果分别达到了 23.98%、26.29%。

表 2-7　各形态重金属 Zn 分配系数　　　　单位:%

处理		可交换态	差值	可还原态	可氧化态	差值	差值	残渣态	差值
CK	堆肥前	38.22	-8.93	41.33	17.48	7.25	1.44	2.98	0.23
	堆肥后	29.29		48.58	18.92			3.21	
F1	堆肥前	37.91	-8.6	40.36	19.61	4.7	3.44	2.12	0.46
	堆肥后	29.31		45.06	23.05			2.58	
F2	堆肥前	39.35	-9.44	43.83	14.38	4.26	4.65	2.44	0.53
	堆肥后	29.91		48.09	19.03			2.97	

	处理	可交换态	差值	可还原态	可氧化态	差值	差值	残渣态	差值
F3	堆肥前	37.27	-9.8	42.44	-0.22	18.63	8.78	1.66	1.23
	堆肥后	27.47		42.22		27.41		2.89	

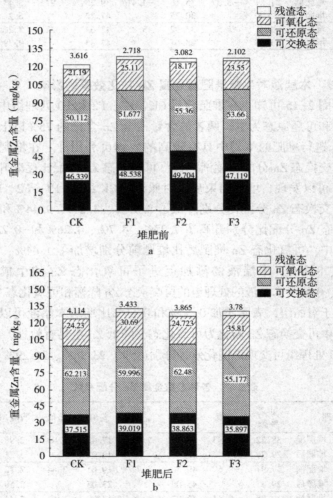

图 2-15　堆肥前后各形态重金属 Zn 变化

2.2.5　重金属与腐殖质的结合方式

　　牛粪堆肥固体产物腐殖质中重金属 Cu 分布变化如图 2-16 所示。从图中可以发现，在堆肥初期，在 CK 组和三个处理组（F1 组、F2 组、F3 组）中 85% 的 Cu 都以 FA-Cu 的形式存在。随着堆肥的进行，对照组和三个处理组中 HA-Cu 都逐渐增加，CK 组和 F1、F2 和 F3 处理 $Na_4P_2O_7$ 提取态 HA-Cu 堆肥后相比堆肥前分别增加了 7.6%、17.8%、20.4% 和 22.1%；NaOH 提取态 HA-Cu 分别增加了 4.6%、27.8%、30.5% 和 31.7%。木醋液的添加显著提高了 HA-Cu 的分配率。在腐殖质中 HA 比 FA 的分子量更高，与 HA 结合的重金属迁移

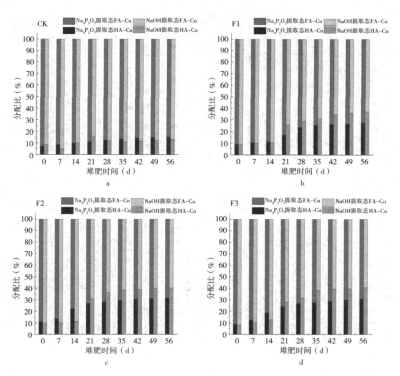

图 2-16　堆肥过程中 Cu 在 $Na_4P_2O_7$ 和 NaOH 提取的腐殖质中的分布

性会更低，堆肥过程中 HA-Cu 的增加表明堆肥过程中 Cu 向着更加稳定的形态转变。因此，木醋液的添加降低腐殖质中 Cu 的生物有效性。

牛粪堆肥固体产物腐殖质中重金属 Zn 分布变化如图 2-17 所示。在堆肥初期，FA-Zn 也占据腐殖质中绝大部分的 Zn。$Na_4P_2O_7$ 提取态 HA-Zn 呈现先降低再增加的趋势，而 NaOH 提取态 HA-Zn 则呈现一直增加的趋势，这可能是堆肥前期有机质降解引起的。随着堆肥的进行，CK 组和 F1、F2 和 F3 处理组 $Na_4P_2O_7$ 提取 HA-Zn 堆肥后相比堆肥前分别增加了 1.3%、2.9%、2.3% 和 4.1%；NaOH 提取态 HA-Zn 分别增加了 7%、15.8%、18.1% 和 13.4%。木醋液的添加增

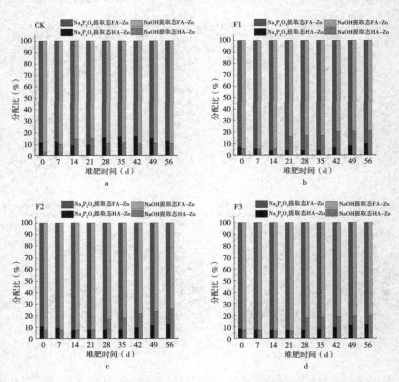

图 2-17 堆肥过程中 Zn 在 $Na_4P_2O_7$ 和 NaOH 提取的腐殖质中的分布

加了 $Na_4P_2O_7$ 和 NaOH 提取态的 HA-Zn 的比例，有助于提高牛粪堆肥固体产物中 Zn 的稳定性，提高钝化效果。

2.2.6　小结

本节利用 H_2O、KCl、$Na_4P_2O_7$、NaOH、HNO_3 作为提取剂对棉秆木醋液牛粪堆肥固体产物进行了分级提取，分析了各提取态重金属 Cu、Zn 的含量变化，明确了棉秆木醋液对有机质和重金属形态演绎的过程，结果表明如下：

（1）牛粪中重金属 Cu 可交换态钝化效果随棉秆木醋液的添加比例的增加而增大，当添加比例为 0.65% 时，对 Cu 钝化效果达到 32.28%。添加低比例棉秆木醋液对 Zn 没有钝化作用，添加比例达 0.5% 时具有钝化效果，添加比例达到 0.65%，对 Zn 钝化效果达到 26.29%。

（2）$Na_4P_2O_7$、NaOH 所提取重金属 Cu、Zn 占总重金属 Cu、Zn 含量的 45% 和 80% 以上，重金属的迁移性和有效性与堆肥腐殖化程度密切相关。木醋液的添加促进了水溶态、可交换态、有机络合态重金属向有机结合态、矿物质态和残渣态的转化。

（3）堆肥前期腐殖质中绝大部分的 Cu 和 Zn 主要与 FA 结合，随着堆肥的进行，HA/FA、HA-Cu 和 HA-Zn 都呈现明显增加的趋势，木醋液的添加可以促进堆肥过程中腐殖化的进程和 HA-Cu、HA-Zn 的形成，从而可以增强腐殖质中 Cu、Zn 的稳定性。

2.3　牛粪堆肥固体产物重金属 Cu 和 Zn 红外光谱建模

2.3.1　试验材料与方法

2.3.1.1　试验材料及预处理

将第 2.1 节中自然风干的堆肥样品置于恒温干燥箱内以 80℃ 的温度加热烘干至恒重，按照 1∶200 与光谱纯的溴化钾混合，用玛瑙研钵进行研磨，在 15 t/cm^2 下压成薄片，维持 60 s，待其表面光滑后检测。

2.3.1.2 堆肥产物的红外光谱采集

利用布鲁克 TENSOR37 型傅里叶红外光谱仪，设置其工作参数：光谱区 400~4 000 cm^{-1}；积分时间 32 s；分辨率 4 cm^{-1}。经过半小时开机预热后，将压片好的堆肥样品置于样品采集台进行红外光谱采集。为提高光谱的准确性，每个样本采集 4 条不同位置的光谱，选择 3 条光谱作为该样本的红外漫反射光谱。

2.3.1.3 牛粪堆肥固体产物可交换态重金属 Cu 和 Zn 含量测定

可交换态重金属 Cu、Zn 的提取与检测方法见第 2.2 节。可交换态重金属 Cu、Zn 的含量见表 2-8。

表 2-8 牛粪堆肥固体产物重金属 Cu、Zn 含量统计

重金属	最大值（mg/kg）	最小值（mg/kg）	平均值（mg/kg）
Cu	2.512	1.958	2.209
Zn	50.154	36.363	42.088

2.3.2 牛粪堆肥固体产物红外光谱分析

各处理组在不同堆肥时期的傅里叶红外光谱（FTIR）图如图 2-18 所示。其 FTIR 特征主要如下：① 3 400~3 450 cm^{-1}，由醇羟基、酚羟基和有机酸中的羟基伸缩振动和氨基酸中 N-H 伸缩振动引起；② 2 850~2 935 cm^{-1}，由含脂肪链结构的 C-H 伸缩振动引起；③ 1 600~1 650 cm^{-1}，由芳香环中的 C=C 键伸缩振动、酰胺中的 C=O、N-H 键振动引起；④ 1 400~1 430 cm^{-1}，由羧基中 C-O 键的不对称伸缩、脂肪族—CH$_2$ 的摇摆振动引起；1 370~1 380 cm^{-1}，由酚羟基中 O-H 键的变形振动、C-O 键的伸缩振动引起；⑤ 1 100~1 160 cm^{-1}，多糖或多糖类似物的 C-O 键伸缩引起[8]。从图中可以发现，不同处理组在堆肥各个时期光谱特征差异并不明显，仅在相对强度上有略微变化。

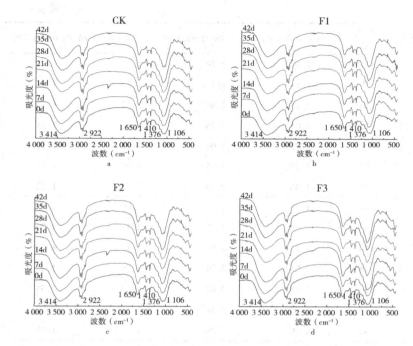

图 2-18　堆肥过程中各处理的傅里叶红外光谱

表 2-9　堆肥腐熟期各处理的特征参数吸收值的比值

处理组	时间 (d)	a1 (1 650/3 414)	a2 (1 650/2 922)	a3 (1 650/1 410)	a4 (1 650/1 106)
	0	1.15	1.15	1.1	0.91
	7	1.19	1.69	1.1	0.9
	14	1.14	1.84	1.15	0.9
CK	21	1.04	1.94	1.1	0.9
	28	1.06	1.96	1.14	0.93
	35	1.02	2.02	1.02	0.86
	42	1.04	2.04	1.06	0.92

处理组	时间 (d)	a1 (1 650/3 414)	a2 (1 650/2 922)	a3 (1 650/1 410)	a4 (1 650/1 106)
	0	1.19	1.19	1.12	1.11
	7	1.2	1.7	1.11	1.28
	14	1.16	1.86	1.14	1.22
F1	21	1.04	1.95	1.06	1.35
	28	1.03	2.04	1.17	1.27
	35	1.02	2.05	1.06	1.37
	42	1.06	2.16	1.04	1.34
	0	1.16	1.16	1.09	1.15
	7	1.19	1.83	1.11	1.23
	14	1.14	1.95	1.13	1.28
F2	21	1.01	2.01	1.04	1.25
	28	1.08	2.08	1.03	1.34
	35	1.03	2.18	1	1.54
	42	1.09	2.19	1.03	1.35
	0	1.16	1.16	1.05	1.19
	7	1.19	1.89	1.11	1.25
	14	1.19	2.09	1.14	1.57
F3	21	1.03	2.13	1.07	1.42
	28	1.02	2.22	1.03	1.4
	35	1.06	2.26	1.04	1.48
	42	1.07	2.25	0.92	1.61

　　尽管不同处理组在堆肥各个阶段的光谱特征差异不显著，但还是可以通过研究不同峰之间强度的比值来分析堆肥有机物种类和结构的变化情况来判断堆肥的腐殖化程度。不同处理组在堆肥各个阶段特征峰比值变化如表 2-9 所示。a1 代表芳族碳/碳水化合物碳，CK 组和 F1、F2 和 F3 处理组 a1 在堆肥前期都出现了增加，表明堆体中小分

子蛋白质及碳水化合物类物质开始降解，木醋液处理组 a1 大于 CK，说明木醋液的添加促进了碳水化合物向芳香族化合物的转化；a2 代表芳族碳/脂族碳，CK 组和 F1、F2 和 F3 处理组在堆肥前 14 d 呈现逐渐上升的趋势，表明脂肪族结构物质被快速降解。且 F1、F2 和 F3 处理组 a2 均大于 CK 组，说明木醋液的添加提高了堆肥过程中有机物的芳香化程度；a3 代表芳族碳/羧基碳，在堆肥过程不同阶段 CK 组和 F1、F2 和 F3 处理 a3 的变化情况表现为上下波动。这可能是由于堆肥过程中有机碳在微生物作用下，转变为羧基碳，再以 CO_2 的形式流失所导致的；a4 代表芳族碳/多糖碳，F1、F2 和 F3 处理组 a4 在堆肥的前 14 d 显著增加，而 CK 组则增幅不明显，说明木醋液的添加促进了多糖类物质的降解。

综上所述，添加木醋液能够促进水溶性有机物中芳族碳含量增加，而脂族碳与多糖类物质减少，提高了腐殖化和芳香化程度，且以 F3 处理组最佳。

2.3.3　牛粪堆肥固体产物重金属 Cu 和 Zn 红外光谱建模

傅里叶变换红外光谱（FTIR）是一种定性分析的现代光谱技术，具有操作简便、检测快速等特点，能够在不破坏样本的情况下分析出牛粪堆肥过程中的主要官能团。通过 FTIR 能获得一条完整连续的牛粪堆肥固体产物光谱曲线，该曲线能反映出牛粪堆肥固体产物的光谱特征和理化性质，能应用于堆肥产物中重金属含量的定量预测。虽然传统的化学检测方法具备更高的准确性，但是存在重金属的提取和检测步骤烦琐、成本高的缺点。运用光谱技术结合化学定量检测，建立重金属 Cu、Zn 预测模型，能实现堆肥产物重金属 Cu、Zn 含量的快速检测，为评价堆肥钝化效果提供极大的便利。

2.3.3.1　校正集和预测集的划分

本研究使用 Spxy 方法进行建模集和预测集的划分，将牛粪堆肥固体产物红外光谱数据选择 60 个为校正集，24 个为验证集。如表 2-10，校正集的重金属 Cu 范围为 1.958～2.512 mg/kg，重金属 Zn 范围为 36.363～50.154 mg/kg，预测集的重金属 Cu 范围为 1.987～2.472

mg/kg，重金属 Zn 范围为 36.656~49.586 mg/kg。

表 2-10   校正集和预测集实测值统计表

样品	样品个数（个）	平均值（mg/kg）	最大值（mg/kg）	最小值（mg/kg）	标准差
校正集 Cu	60	2.203	2.512	1.958	0.16
预测集 Cu	24	2.222	2.472	1.987	0.15
校正集 Zn	60	42.339	50.154	36.363	3.36
预测集 Zn	24	41.460	49.586	36.656	3.52

2.3.3.2   特征波段的筛选

红外光谱曲线在各个波数区间有着不同的信息量，在某些谱区可能会存在较大的噪声，为了降低噪声过大的谱区数据对数学预测模型带来的不良影响，需要对特征波长进行筛选，选取合适的光谱区间作为模型的变量来进行建模。

（1）连续投影算法

连续投影算法（SPA）是选定某一个波长，计算该波长在其他未被选中的波长上的投影，得出所有的投影值进行比较，把最大投影值对应的波长选取为一个特征波长，依次循环，直到选出一定数量的波长数为止。由于在 SPA 算法生成的每一个波长组合中，每个新入选波长与组合中波长之间的相关度均为最低，使该算法可以很好地消除共线性波长的存在[93]。

以木醋液牛粪堆肥固体产物均值中心化处理后的光谱进行 SPA 光谱变量筛选。图 2-19、图 2-20 和图 2-21、图 2-22 为重金属 Cu、Zn 基于 SPA 方法的变量筛选过程。在图 2-19 中，小正方形即表示筛选出的特征波长个数，当波长个数为 6 时，交互验证均方根误差值逐渐趋于稳定状态，即 SPA 方法筛选出重金属 Cu 模型中变量为 6 个，图 2-20 的小正方形即为选定的波长特征变量。同理，从图 2-21 中可知，SPA 方法筛选出重金属 Zn 模型中变量为 21 个，图 2-22 中的小正方形即为选定的波长特征变量。原始光谱数据个数为 1 801 个，经 SPA 方法筛后特征波长个数仅为 6 个和 21 个，仅占原数据的 0.33% 和 1.17%。

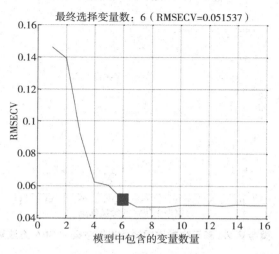

图 2-19　重金属 Cu 基于牛粪堆肥样品光谱数据的 SPA 方法筛选变量

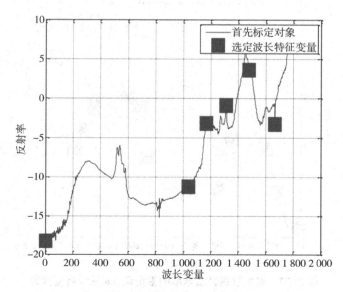

图 2-20　连续投影算法选取的重金属 Cu 波长特征变量

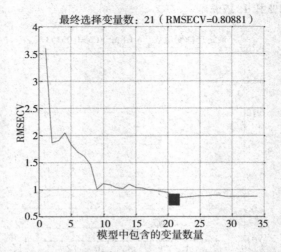

图 2-21　重金属 Zn 基于牛粪堆肥样品光谱数据的 SPA 方法筛选变量

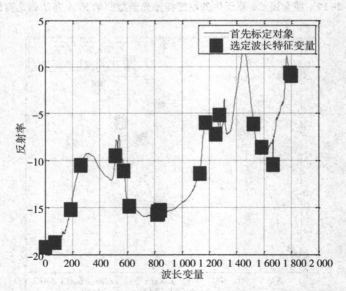

图 2-22　连续投影算法选取的重金属 Zn 波长特征变量

（2）竞争性自适应重加权算法

竞争性自适应重加权采样算法（CARS）是在偏最小二乘法（PLS）等多元线性回归模型中选择绝对值较大的变量来进行特征选择的算法。CARS[94]主要有如下三个步骤。①采用蒙特卡罗采样方法从样品集中选出固定比例的样品作为建模集建立 PLS 模型。②计算出 PLS 模型中每个波长点对应的权重。③采用指数衰减函数执行强制波长选择及使用自适应性重加权采样方法对波长进行竞争性选择。

图 2-23 是木醋液牛粪堆肥固体产物均值中心化后 FTIR 作为输入，相应的可交换态 Cu 含量作为待测参数，运用 CARS 方法筛选择波段的结果。两幅图分别表示在一次 CARS 算法运行中随蒙特卡罗迭代次数的增加，变量数、交互验证均方根误差和每个变量回归系数的变化。从图中可知，次数为 29 次时的交互验证均方根误差值最小，此时 CARS 法筛选的最佳变量数为 36 个。图 2-24 是木醋液牛粪堆肥固体产物均值中心化后 FTIR 作为输入，相应的可交换态 Zn 含量作为待测参数，CARS 方法筛选择波段的结果。从图 2-24 可知，运行次数为 30 次时，交叉校准均方根误差（RMSECV）达到最低，此时 CARS 法筛选的最佳变量数为 66。

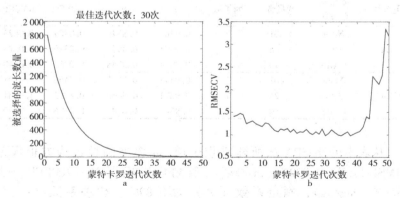

图 2-23　CARS 重金属 Cu 特征变量选择结果

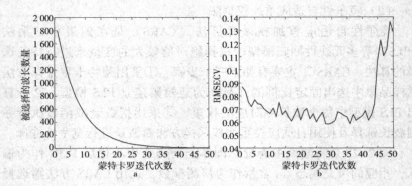

图 2-24　CARS 重金属 Zn 特征变量选择结果

2.3.3.3　基于不同特征波长筛选的 PLS 模型预测结果

采用 SPA 和 CARS 两种方法分别对木醋液粪堆肥固体产物的均值中心化 FTIR 筛选特征波长，根据所筛选的波长和全波段光谱数据建立 PLS 模型，其结果精度如表 2-11 所示。

表 2-11　不同变量筛选方法的牛粪堆肥固体产物
重金属 Cu、Zn 含量 PLS 建模结果

重金属	变量筛选方法	变量数	因子数	r	R^2	RMSEC	RMSEP
	None	1 801	7	0.9367	0.8549	0.0389	0.0623
Cu	SPA	6	6	0.9486	0.8963	0.0329	0.0526
	CARS	10	6	0.9664	0.9248	0.028	0.0448
	None	1 801	7	0.9544	0.8897	0.7456	1.1941
Zn	SPA	21	7	0.9271	0.8466	0.8792	1.4081
	CARS	30	6	0.954	0.8941	0.7306	1.1702

从表中可知 SPA 法所建立重金属 Cu 模型的校正均方根误差（RMSEC）为 0.0329（mg/kg），预测均方根误差（RMSEP）为 0.0526（mg/kg），判定系数（R^2）为 0.8963，相关系数（r）为 0.9486；所建立重金属 Zn 模型的 RMSEC 为 0.8792（mg/kg），RMSEP 为 1.4081（mg/kg），R^2 为 0.8466，r 为 0.9271。重金属 Cu、Zn 模型为以上数值时具有较好预测能力。CARS 法建立重金属 Cu 模

型的 RMSEC 为 0.028（mg/kg），RMSEP 为 0.0448（mg/kg），R^2 为 0.9248，r 为 0.9664。而 CARS 法建立重金属 Zn 模型的 RMSEC 为 0.7306（mg/kg），RMSEP 为 1.1702（mg/kg），R^2 为 0.8941，r 为 0.954。与全波段建模相比，通过 SPA 法和 CARS 法对光谱变量进行筛选后的重金属 Cu 模型精度都有所提高；但对于重金属 Zn 的 PLS 模型来说，经 SPA 法和 CARS 法筛选变量后反而降低了模型的精度。这可能是由于 SPA 法和 CARS 法在变量筛选过程中漏去了部分与 Zn 相关性高的特征波段所导致的。

图 2-25、图 2-26 和图 2-27 为不同特征波段筛选方法处理下的 PLS 模型的散点图。从图中可以看出，对于重金属 Cu 来说，经

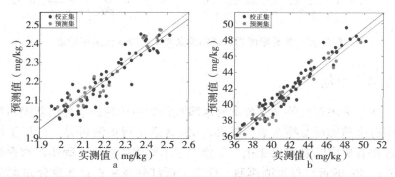

图 2-25　基于 SPA 法牛粪堆肥固体产物重金属 Cu、Zn 含量集散点

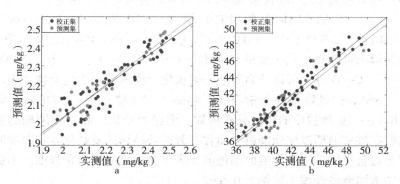

图 2-26　基于 CARS 法牛粪堆肥固体产物重金属 Cu、Zn 含量集散点

CARS 算法处理的模型精度最高，而对于重金属 Zn 则是全波段建模的模型精度最高。SPA 法、CARS 法和全波段模型中的预测值和实测值都较为明显的分布在 1 : 1 直线的两侧，分布效果好，模型精度高。

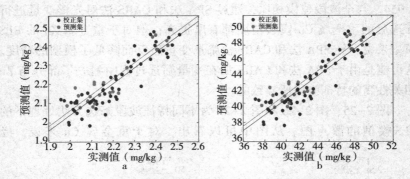

图 2-27　牛粪堆肥固体产物重金属 Cu、Zn 含量集散点

2.3.4　小结

本节采用近红外光谱技术对木醋液作为钝化剂的牛粪堆肥固体产物中有机质和可交换态重金属 Cu、Zn 含量进行检测研究，分析了堆肥过程有机质的腐殖化变化，并建立了木醋液牛粪堆肥固体产物重金属 Cu、Zn 的近红外检测模型，探究了近红外技术在畜禽粪便堆肥固体产物重金属 Cu、Zn 含量检测的可行性。主要有以下结论。

（1）堆肥固体产物 FTIR 结果分别显示在 1 650 cm^{-1}、3 414 cm^{-1}、2 922 cm^{-1}、1 410 cm^{-1}、1 376 cm^{-1} 和 1 106 cm^{-1} 附近有 6 处相似的吸收峰。其主要的功能团是 C═O、O—H、C—H、C—O、O—H、C—O 等，可以分为羧酸、碳水化合物和芳香族化合物等通过对 1 650 cm^{-1} 处特征峰分别与 3 414 cm^{-1}、2 922 cm^{-1}、1 410 cm^{-1} 和 1 106 cm^{-1} 处峰强度的比值分析可知，多糖类结构、脂肪族结构的有机物在堆肥前期被快速降解，而含有芳香环结构的复杂化合物随堆肥的进行含量增多，木醋液的添加能促进牛粪堆肥的腐殖化程度。本试验中木醋液最佳添加比例为 0.65%。

（2）对比 SPA 法、CARS 法和全波段重金属 Cu、Zn 模型发现，三种不同波段所建立的 PLS 模型均具有较高的精度。重金属 Cu 模型经 SPA 法和 CARS 法筛选变量后，建模量显著减少，模型精度有所提高，而 Zn 模型经 SPA 法和 CARS 法筛选变量后，建模量减少的同时，其模型精度也降低了。

2.4　基于均匀设计牛粪堆肥重金属钝化作用的优化试验

2.4.1　试验材料与方法

2.4.1.1　试验材料

供试木醋液同 2.1.1.3，牛粪取自新疆阿拉尔市某养殖场，见图 2-28；锯末来自阿拉尔市某木材加工厂，见图 2-29。堆制原材料的基本理化性质见表 2-12。

图 2-28　收集的牛粪　　　　　图 2-29　收集的锯末

表 2-12　堆肥物料的初始理化性质

原材料	TOC（%）	TN（%）	C/N	EC（mS/cm）	MC（%）	pH 值
牛粪	20.06	0.73	27.48	0.89	46.03	7.29
锯末	35.59	0.28	127.11	0.84	6.31	6.50

注：含水率简写 MC。

2.4.1.2 采样与分析方法

采样在堆肥后每周进行采集（遇到翻堆时，须在翻堆前采集），堆体分成上、中、下三层，取样时间为 11：00，采取堆体不同层的试样，每一层随机采集 3 个次级样品，然后将这 3 个次级样品混合成一个待测样品，样品经自然风干，研磨后，过 60 目筛，并保存在 4℃下，以待被测。

木醋液成分测定：①GC/MS 测试[95]；②表面张力：挂环法；③密度：密度瓶法；④有机质：灼烧法[96]；⑤全氮：凯氏定氮法[97]；⑥pH：pH 计法[97]；⑦EC：电导法[98]；⑧含水率：真空烘箱法[99]。

Cu 和 Zn 总量待测液：将样品储存于聚乙烯瓶中，称取 0.5 g（精确至 0.0002 g），然后采用 HNO_3：HCl：$HF = 1:1:2$ 进行微波（湿法）消解[39]，经过滤后用去离子水定容。

Cu 和 Zn 总量测定：原子吸收光谱法。

Cu 和 Zn 的二乙基三胺五乙酸（DTPA）提取态待测液：将待测样品按固液比（W：V）1：5 提取剂，加入 0.005mol/L 的 DTPA、0.1mol/L 的三乙醇胺（TEA）溶液调整 pH 值至 7.30 后，机械振荡 2 h[100,101]。

Cu 和 Zn 的 DTPA 提取态含量测定：原子吸收光谱法。

Cu 和 Zn 的分配系数计算公式[35]：

$$分配系数（\%）= \frac{DTPA\ 提取态重金属浓度}{重金属总浓度} \times 100$$

以堆肥过程 DTPA 提取态 Cu 和 Zn 的分配系数差值的变化情况来衡量堆肥过程对其钝化效果[102]，分配系数差值即钝化效果用初始分配系数减去堆肥过程中任一取样时间样品的分配系数求得。

2.4.1.3 试验设计

采用均匀设计进行多因素试验，试验于塔里木大学动物科学学院养牛场进行。以重金属的钝化效应为响应指标，以木醋液、含水量和 C/N 比为试验因素，每个试验因素安排 6 个水平，其中将木醋液规定为 A、含水量规定为 B 和 C/N 比规定为 C，含氮量不足时用尿素补足。三组因素及其水平，见表 2-13。采用 U6 * （66）均匀设计用表安排试验[103]，对三组因素进行考察，共 6 个处理，见表 2-14。

表 2-13　因素水平表

水平	因素		
	木醋液（%）	含水量（%）	C/N
1	0.05	45	30
2	0.20	55	45
3	0.35	65	25
4	0.50	40	40
5	0.65	50	20
6	0.80	60	35

表 2-14　均匀试验设计表

处理	因素		
	A（%）	B（%）	C
$A_1B_1C_1$	1（0.05）	2（45）	3（30）
$A_2B_2C_2$	2（0.20）	4（55）	6（45）
$A_3B_3C_3$	3（0.35）	6（65）	2（25）
$A_4B_4C_4$	4（0.50）	1（40）	5（40）
$A_5B_5C_5$	5（0.65）	3（50）	1（20）
$A_6B_6C_6$	6（0.80）	5（60）	4（35）

注：1. 脚标表示处理序号。

2. 全文堆制过程所涉的棉秆木醋液添加量均为棉秆木醋液与堆制牛粪鲜重的比值。均添加 1 500 mL 的蒸馏水稀释木醋液，同时 CK 也加 1 500 mL 的蒸馏水。

2.4.2　不同试验条件下的堆体温度变化

堆体温度是堆肥化反应进程的直观表现。温度是物料内微生物新陈代谢的作用，有机物分解产生热量，堆肥温度上升，驱动水分随气体和基质的升温而蒸发。堆肥高温还可杀灭虫卵、病原菌等，堆温连续 3 d 以上超过 55℃，即达到了美国环境保护局（USEPA）的堆肥无害化要求[104]。因此高温是实现堆肥无害化所必需的。

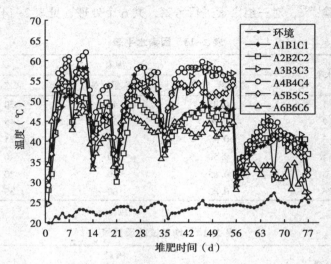

图 2-30 堆肥温度变化

如图 2-30 所示，分别为不同因素下的温度变化。堆肥前期温度迅速上升，主要是因为有较多的易降解的有机物在微生物作用下，用于微生物的细胞合成，同时分解为 CO_2、水、有机酸和氨，在此过程中代谢产生大量热量。因此，堆体温度升高是微生物代谢产热累积的结果。不同处理的堆体温度均达到 55℃ 以上，且温度一直处于较高水平，持续时间长，说明微生物的发酵产热多，生长快，保持足够长的高温段可提高堆肥的分解效率。其中每次翻堆后，堆体都会再次地快速升温，且随着堆肥的进行，下一次翻堆后，其堆体温度会再次升高。35 d 以后，温度逐渐降低。在高温阶段末期，只剩下部分较难分解的有机物和新形成的腐殖质，此时微生物活性下降，发热量减少，温度下降，此时嗜温性微生物再占优势，对残留较难分解的有机物作进一步分解，腐殖质不断增多且趋于稳定化，此时堆肥进入腐熟阶段。在堆肥分别于堆制 77 d 时，堆体最终温度稳定在 30℃ 左右，接近环境温度，且不再升温。

2.4.3　木醋液、含水量和 C/N 比对 Cu 总量的影响

根据图 2-31 可知，堆肥后重金属 Cu 的总量均高于堆肥前的重金属 Cu 总量。

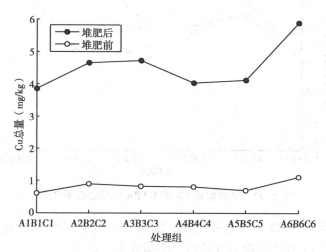

图 2-31　堆肥前后 Cu 总量的变化

堆肥结束后，各处理组重金属 Cu 的总量依次分别由堆肥前的 3.84 mg/kg、4.65 mg/kg、4.73 mg/kg、4.03 mg/kg、4.11 mg/kg 和 5.89 mg/kg 升高为 10.33 mg/kg、10.46 mg/kg、11.30 mg/kg、10.18 mg/kg、9.87 mg/kg 和 11.41 mg/kg。表明了各处理组主要受到了"浓缩效应"影响、木醋液添加以及影响堆肥质量关键因素的含水量和 C/N 比共同导致的结果。

2.4.4　木醋液、含水量和 C/N 比对 DTPA-Cu 含量的影响

同理，根据图 2-32 可知，堆肥前和堆肥后 DTPA 提取态 Cu 的含量均呈现先升高后降低再升高的变化趋势；A1B1C1 处理组堆肥前后均达到最低点，且变化量均比其他处理组堆肥前后 Cu 的 DTPA 提取态含量变化量小。

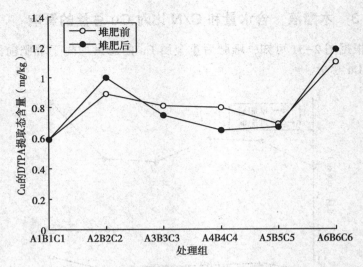

图 2-32 堆肥前后 Cu 的 DTPA 提取态含量变化

说明 A1B1C1（木醋液、含水量和 C/N 比）的添加是有利于降低对 Cu 的 DTPA 提取态含量的"浓缩效应"影响。

2.4.5 木醋液、含水量和 C/N 比对 DTPA-Cu 分配系数的影响

本试验中，如图 2-33 所示，堆肥结束后，各处理的 Cu 的分配系数比堆肥前降低了。堆肥前各处理 Cu 的分配系数依次分别由 15.39%、19.13%、17.11%、19.87%、16.74% 和 18.68% 降低为 5.69%、9.53%、6.61%、6.37%、6.76% 和 10.3%。堆肥结束后，不同试验条件的堆体物料 Cu 的分配系数分别减少 9.7%、9.6%、10.5%、13.5%、9.98% 和 8.38%。

本试验结果表明，在牛粪堆肥中木醋液、含水量和 C/N 对 Cu 均有很好的钝化作用，且堆体中 Cu 的分配系数差值在 0.50% 木醋液、40% 含水量和 C/N 比为 40 时达到最大值。含水量和 C/N 比影响堆肥的质量，进而影响堆肥的进程和腐熟度，所以堆肥效果越好其堆肥的

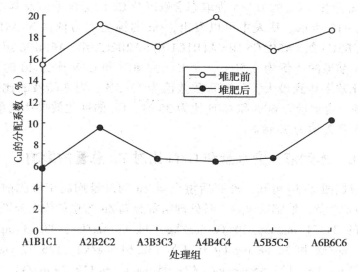

图 2-33　堆肥前后 Cu 的分配系数变化

钝化效果转化率越高，对 Cu 的钝化效果就越好。

表 2-15　均匀设计试验结果

处理	样品	Cu			
		总量 （mg/kg）	DTPA-Cu 含量 （mg/kg）	分配系数 （%）	分配系数差值 （%）
A1B1C1	堆肥前	3.84	0.59	15.39	9.7
	堆肥后	10.33	0.59	5.69	
A2B2C2	堆肥前	4.65	0.89	19.13	9.6
	堆肥后	10.46	1	9.53	
A3B3C3	堆肥前	4.73	0.81	17.11	10.5
	堆肥后	11.30	0.75	6.61	
A4B4C4	堆肥前	4.03	0.8	19.87	13.5
	堆肥后	10.18	0.65	6.37	
A5B5C5	堆肥前	4.11	0.69	16.74	9.98
	堆肥后	9.87	0.67	6.76	
A6B6C6	堆肥前	5.89	1.1	18.68	8.38
	堆肥后	11.41	1.18	10.3	

　　Cu 总量、Cu 的 DTPA 提取态含量以及 Cu 的分配系数及其差值，如表 2-15 所示。从表中可以看出，Cu 的钝化能力依次为 A4B4C4 组>A3B3C3 组>A5B5C5 组>A1B1C1 组>A2B2C2 组>A6B6C6 组；其中，木醋液的比例为 0.50%、含水量为 40% 和 C/N 比为 40 时，Cu 的钝化效果达到最大，分配系数差值为 13.5%；当木醋液的比例为 0.80%、含水量为 60% 和 C/N 比为 35 时，Cu 的钝化效果达到最小，分配系数差值为 8.38%。

2.4.6　木醋液、含水量和 C/N 比对 Zn 总量的影响

　　根据图 2-34 可知，堆肥后重金属 Zn 的总量均高于堆肥前的重金属 Zn 总量，堆肥结束后，各处理组重金属 Zn 的总量依次分别由堆肥前的 31.51 mg/kg、38.03 mg/kg、34.47 mg/kg、33.13 mg/kg、35.17 mg/kg 和 36.88 mg/kg 升高为 138.61 mg/kg、126.57 mg/kg、116.67 mg/kg、129.55 mg/kg、122.95 mg/kg 和 117.29 mg/kg。表明了各处理组主要受到了"浓缩效应"影响、木醋液添加以及影响堆肥质量关键因素的含水量和 C/N 比共同导致的结果。

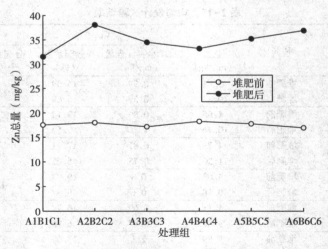

图 2-34　堆肥前后 Zn 总量的变化

2.4.7　木醋液、含水量和 C/N 比对 DTPA-Zn 含量的影响

同理，根据图 2-35 可知，堆肥后 Zn 的 DTPA 提取态含量均比堆肥前的含量高。堆肥前 Zn 的 DTPA 提取态含量变化不大，堆肥后 Zn 的 DTPA 提取态含量大致呈一个下降的变化趋势，在 A6B6C6 组的条件时，其含量最低。且变化量均比其他处理组堆肥前后 Zn 的 DTPA 提取态含量变化量小，说明当 A1B1C1（木醋液的添加、含水量和 C/N 比）是有利于降低对 Zn 的 DTPA 提取态含量的"浓缩效应"影响。

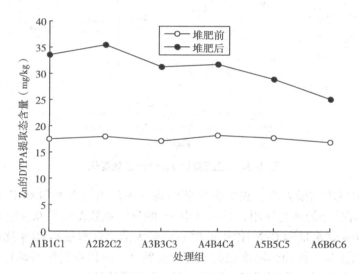

图 2-35　堆肥前后 Zn 的 DTPA 提取态含量变化

2.4.8　木醋液、含水量和 C/N 比对 DTPA-Zn 分配系数的影响

本试验中，如图 2-36 所示，堆肥结束后，各处理组的 Zn 的分配系数比堆肥前降低了。堆肥前各处理组 Zn 的分配系数依次分别由 44.29%、47.10%、49.70%、54.73%、50.18% 和 45.63% 降低为

24.19%、28.00%、26.77%、24.53%、23.48% 和 21.32%。堆肥结束后，不同条件下的堆体物料 Zn 的分配系数分别减少 20.1%、19.10%、22.93%、30.20%、26.7% 和 24.31%。

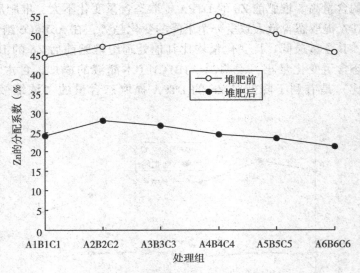

图 2-36　堆肥前后 Zn 分配系数变化

　　本试验结果表明，在牛粪堆肥中棉秆木醋液、含水量和 C/N 对 Zn 均有很好的钝化作用，且堆体中 Zn 的分配系数差值在 0.50% 木醋液、40% 含水量和 C/N 比为 40 时达到最大值。含水量和 C/N 比影响堆肥的质量，进而影响堆肥的进程和腐熟度，所以堆肥效果越好其堆肥的钝化效果转化率就高，对 Zn 的钝化效果就越好。

表 2-16　均匀设计试验结果

处理	样品	Zn			
		总量（mg/kg）	DTPA-Zn 含量（mg/kg）	分配系数（%）	分配系数差值（%）
A1B1C1	堆肥前	31.51	17.50	44.29	20.1
	堆肥后	138.61	33.53	24.19	

（续表）

处理	样品	Zn			
		总量 （mg/kg）	DTPA-Zn 含量 （mg/kg）	分配系数 （%）	分配系数差值 （%）
A2B2C2	堆肥前	38.03	17.91	47.10	19.1
	堆肥后	126.57	35.44	28.00	
A3B3C3	堆肥前	34.47	17.13	49.70	22.93
	堆肥后	116.67	31.23	26.77	
A4B4C4	堆肥前	33.13	18.13	54.73	30.2
	堆肥后	129.55	31.78	24.53	
A5B5C5	堆肥前	35.17	17.65	50.18	26.7
	堆肥后	122.95	28.87	23.48	
A6B6C6	堆肥前	36.88	16.83	45.63	24.31
	堆肥后	117.29	25.01	21.32	

Zn 总量、Zn 的 DTPA 提取态含量以及 Zn 的分配系数及其差值，如表 2-16 所示。从表中可以看出，Zn 的钝化能力依次为 A4B4C4 组>A5B5C5 组>A6B6C6 组>A3B3C3 组>A1B1C1 组>A2B2C2 组；其中，木醋液的比例为 0.50%、含水量为 40% 和 C/N 比为 40 时，Zn 的钝化效果也达到最大，分配系数差值为 30.2%；当木醋液的比例为 0.20%、含水量为 55% 和 C/N 比为 45 时，Zn 的钝化效果达到最小，分配系数差值为 19.1%。

2.4.9 基于 UD-PLS 建立对牛粪堆肥重金属钝化作用预测模型

偏最小二乘法（PLS）是集多元线性回归分析、典型相关分析和主成分分析为一体的多元数据分析方法，是由 S. Wold 和 C. Albano 等在 1983 年提出[105]，能够在自变量存在多重相关性的条件下进行回归建模；用 PLS 回归建立的模型具有传统的经典回归分析等方法所没有的优点[106-108]。该方法在生物信息学、化学、医药、社会科学等领域得到广泛应用[109-111]。

在上述试验基础上，本文将均匀设计与偏最小二乘法有机耦合，对试验结果进行数值模拟，建立重金属钝化效果的数学模型，为畜禽粪便堆肥去污化处理提供优化依据。

2.4.9.1 建立木醋液、含水量和 C/N 比对牛粪堆肥前后 Cu 的预测模型

（1）Cu 钝化效应的 PLS 分析

自变量与因变量之间的相关系数矩阵，见表 2-17。从相关系数矩阵可以看出，木醋液与含水量呈正相关；木醋液与 C/N 比呈负相关；含水量和 C/N 比呈负相关。从两组变量间的关系来看，各个自变量对因变量的影响关系大小依次为：含水量 > C/N 比 > 木醋液；其中木醋液和含水量与 Cu 的钝化效果呈负相关，C/N 比与 Cu 的钝化效果呈正相关。

表 2-17　自变量、因变量间相关系数矩阵

变量	x_A	x_B	x_C	y_{Cu}
x_A	1			
x_B	0.2	1		
x_C	−0.2	−0.2	1	
y_{Cu}	−0.0761	−0.5985	0.1789	1

计算得出成分个数 $r=2$，分别是 $t1$ 和 $t2$，则标准化变量中的回归系数为 $r11=-0.5388$，$r21=0.1642$。为了更快速、直观地观测各自变量在解释 y_{Cu} 时的边际作用，见图 2-37。从回归系数直方图可见，因素主次顺序为：含水量>C/N 比>木醋液，说明含水量在解释 Cu 的回归方程时起到了极为重要的作用；然而，与含水量相比，木醋液和 C/N 比对回归方程的贡献作用显然不够理想，较偏低。

（2）建立 Cu 的钝化预测模型

通过标准化变量中的回归系数，得到 Cu 的标准化回归方程式

$$\tilde{y}_{Cu} = 0.0573\tilde{x}_A - 0.5957\tilde{x}_B + 0.0712\tilde{x}_C \tag{1}$$

将式（1）中标准化变量还原成原始变量，则回归方程式

$$y_{Cu} = 15.4748 + 0.3524x_A - 0.1100x_B + 0.0131x_C \tag{2}$$

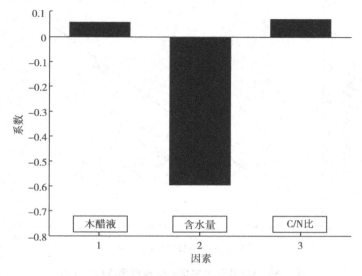

图 2-37　回归系数直方图

由交叉有效性检验可得，成分 $r = 2$ 时，交叉有效性为 $Q_2^2 = -2.0767 < 0.0985$，则模型达到精度要求。为了进一步考察回归方程的模型精度，以模型的预测值和观测值为坐标值，对所有样本点绘制相关关系和对比图，见图 2-38 和图 2-39。由图可知，所有的点都能在图的对角线近似均匀分布，且模型预测值图和观测值图的趋势走向是一致的，则所得的回归方程的拟合值与原值的差异不大，该方程的拟合效果是满意的。

2.4.9.2　建立木醋液、含水量和 C/N 比对牛粪堆肥前后 Zn 的预测模型

（1）Zn 钝化效应的 PLS 分析

自变量与因变量之间的相关系数矩阵，见表 2-18。各个自变量对因变量的影响关系大小依次为：木醋液>含水量>C/N 比，其中木醋液与 Zn 的钝化效果呈正相关，含水量和 C/N 比与 Zn 的钝化效果呈负相关。

热解产物耦合畜禽粪污堆肥对 Cu/Zn 钝化的影响

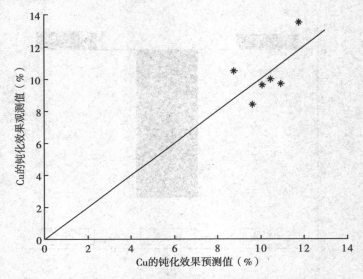

图 2-38　Cu 钝化效果预测值与观测值相关关系

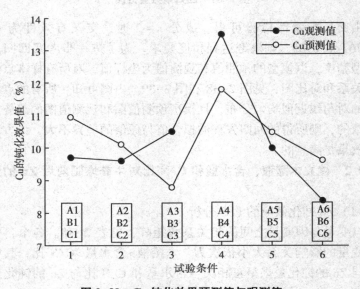

图 2-39　Cu 钝化效果预测值与观测值

表 2-18　自变量集、因变量间相关系数矩阵

变量	x_A	x_B	x_C	y_{Zn}
x_A	1			
x_B	0.2	1		
x_C	-0.2	-0.2	1	
y_{Zn}	0.6584	-0.4034	-0.1543	1

　　计算得出成分个数 $r=2$，分别是 $t1$ 和 $t2$，则标准化变量中的回归系数为 $r11=0.922$，$r21=-0.1208$。同理，从回归系数直方图可见，因素主次顺序为：木醋液>含水量>C/N 比，说明木醋液和含水量在解释 Zn 的回归方程时都起到了极为重要的作用；然而，与木醋液和含水量相比，C/N 比对回归方程的贡献作用显然不够理想，较偏低，见图 2-40。

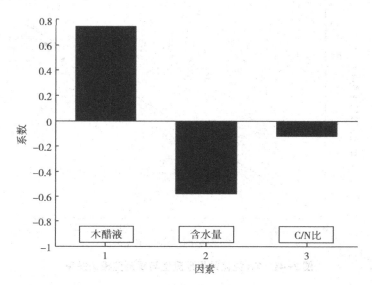

图 2-40　回归系数直方图

（2）建立 Zn 的钝化预测模型

同理，Zn 的标准化回归方程为

$$\tilde{y}_{Zn} = 0.7499\tilde{x}_A - 0.5773\tilde{x}_B - 0.1198\tilde{x}_C \quad (3)$$

将式子（3）中标准化变量还原成原始变量，则回归方程式

$$y_{Zn} = 34.3512 + 11.0905x_A - 0.2561x_B - 0.0531x_C \quad (4)$$

同理，成分 $r=2$ 时，交叉有效性为 $Q_2^2 = -3.0863 < 0.0985$，则模型达到精度要求。

为了进一步考察回归方程的模型精度，以模型的预测值和观测值为坐标值，对所有样本点绘制相关关系和对比图，见图 2-41 和图 2-42。由图可得，所有的点都能在图的对角线近似均匀分布，且模型预测值图和观测值图的趋势走向是一致的，则所得的回归方程的拟合值与原值的差异不大，该方程的拟合效果是满意的。

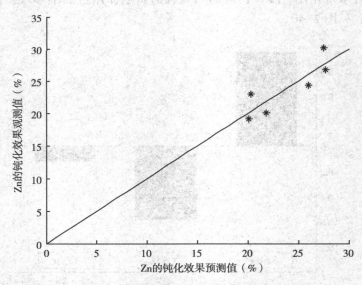

图 2-41　Zn 钝化效果预测值与观测值相关关系

本研究中，木醋液作为添加剂能够有效地降低重金属的活性，能够使迁移性较强的水溶态含量降低，抑制生物的有效性，可能是由于

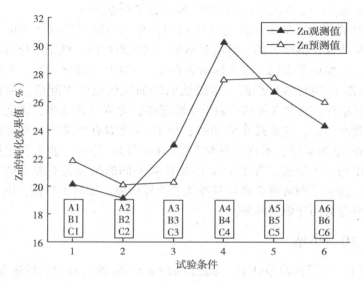

图 2-42　Zn 钝化效果预测值与观测值

棉秆木醋液含有的多种有机化合物，对重金属具有稀释和中和的效果，使之转变成生物有效性更低的各种盐类化合物，转换成化合物的重金属就越多，生物有效性就越低，危害就越小。加之，含氧量和温度是影响堆肥质量的关键因素，同时含氧量受含水量影响，温度受 C/N 比影响，所以控制含水量有助于好氧堆肥，能够显著增加微生物的有氧活动，有利于堆肥物料分解充分；控制 C/N 比有助于温度的提高，能够有效提高微生物的活性，也可以降低重金属生物有效性。试验结果表明，A4B4C4 处理组对重金属 Cu 的钝化效果达到最大值，分配系数差值为 13.5%；重金属 Cu 的钝化预测模型为

$y_{Cu} = 15.4748 + 0.3524x_A - 0.1100x_B + 0.0131x_C$，其中交叉有效性为 $Q_2^2 = -2.0767 < 0.0985$，模型达到精度要求。同理，A4B4C4 处理组对重金属 Zn 的钝化效果也达到最大值，为 30.2%；重金属 Zn 的钝化预测模型为

$y_{Zn} = 34.3512 + 11.0905x_A - 0.2561x_B - 0.0531x_C$，其中交叉有

效性为 $Q_2^2 = -3.0863 < 0.0985$，模型达到精度要求。

由 Cu 和 Zn 的钝化能力排序可知，在三个因素共同作用时，并不是按线性比例增加的。且因素越多，就越难控制，堆肥系统就越不稳定。试验结果表明，在多因素条件下，A4B4C4 处理组时，重金属 Cu 和 Zn 的钝化效果最好，木醋液的添加比例是个中间值，取值在 0.50% 左右；而含水量越小表示空隙越多，含氧量就越多，说明含水量应越小越好，应取最小值 40%；而 C/N 比应有个范围，且此时应保持在 40 为最好，不宜太高和太低。Cu 和 Zn 的钝化能力排序的不同，说明了木醋液、含水量和 C/N 比对不同的指标是有差异的，同时也可能由于两者重金属自身性质的差异所致，如离子半径、电负性的差异等共同导致的结果。

2.4.10　小结

（1）不同试验条件下，堆肥后的 Cu 和 Zn 的总量均比堆肥前高，主要是受"浓缩效应"影响；堆肥后 Cu 的 DTPA 提取态含量与堆肥前相比有增加也有减少；但是堆肥后 Zn 的 DTPA 提取态含量均比堆肥前的高，说明 Zn 的 DTPA 提取态受到的"浓缩效应"影响较大；Cu 的 DTPA 提取态有利于降低"浓缩效应"的影响，之所以存在差异，主要是受到重金属自身、电负性以及离子半径等差异共同导致的结果；堆肥后的 Cu 和 Zn 的分配系数均比堆肥前的小。

（2）均匀试验设计结果显示，当木醋液添加比例为 0.50%、含水量为 40% 和 C/N 比为 40 时，重金属 Cu 和 Zn 的钝化效果达到最大值，分配系数差值分别为 13.5% 和 30.2%。

（3）偏最小二乘回归分析，建立木醋液、含水量和 C/N 比与钝化效果之间的响应关系，结果显示，重金属 Cu 的钝化预测模型为

$y_{Cu} = 15.4748 + 0.3524x_A - 0.1100x_B + 0.0131x_C$，其中交叉有效性为 $Q_2^2 = -2.0767 < 0.0985$，模型达到精度要求。重金属 Zn 的钝化预测模型为

$y_{Zn} = 34.3512 + 11.0905x_A - 0.2561x_B - 0.0531x_C$，其中交叉有效性为 $Q_2^2 = -3.0863 < 0.0985$，模型达到精度要求。

（4）综合而言，均匀设计和 PLS 能够在复杂的堆肥系统中，避免因素间多重相关性，能够进行工艺参数优化，建立变量间的复杂规律，能够提高模型精度和实用性。故均匀设计和 PLS 的结合，能为重金属处理技术提供新的理论参考。

第 3 章

玉米秸秆生物炭对猪粪堆肥腐殖化及 Cu、Zn 钝化的影响

3.1 生物炭耦合猪粪堆肥理化指标变化特征

猪粪（PM）堆肥是微生物分解有机质（OM）引起理化参数动态变化的生物氧化过程，包括 OM 的矿化和腐殖化，形成稳定的最终产品[112]。然而 PM 中氮氧化物和水分含量高，碳氮比值低，单独堆肥不能成功，因此添加玉米秸秆生物炭（CSBC）以调整其性质[113]。好氧堆肥是有机材料在以有氧为主的环境中自发的生物分解过程，主要包括四个阶段：升温阶段、嗜热阶段、降温阶段和腐熟阶段[114]。随着堆肥的进行，伴随着水分蒸发，堆体体积减小、致病微生物死亡等过程。CSBC 富含碳元素，其特征是高比表面积、碳质官能团和高孔隙率。PM 与 CSBC 混合可为微生物代谢提供有利环境，且促进 OM 降解会引起堆中温度、含水量和 pH 等理化参数的变化并进一步影响堆肥过程中细菌的多样性和活性[115]。因此，CSBC 显示出对堆肥过程的预期效果，如增强持水能力、为微生物提供附着面积和降低重金属（HM）生物利用度等。

3.1.1 材料与方法

3.1.1.1 原料的收集和加工

本试验使用的 PM 为中国河北某猪场的新鲜 PM，晒干并粉碎至均匀小块（直径<0.5 cm），玉米秸秆来自中国河北省某农场，均匀

切成长 2~3 cm。CSBC 线上购买，由 CSBC 高温 500℃，常压热解 3 h，CSBC 呈颗粒状（直径<0.5 cm），原料充分混合。性质如表3-1所示。

表 3-1　原始物料的基础理化性质

物料	含水率	总碳质量分数（%）	总氮质量分数（%）	碳氮比 C/N	Cu 含量（mg/kg）	Zn 含量（mg/kg）
PM	21.83±1.87	38.82±1.06	2.00±0.12	7.75	103.4±11.63	494.5±0.47
秸秆	37.28±0.41	46.00±2.34	0.65±0.12	70.77	1.61±0.01	0.07±0.00
CSBC	2.46±0.23	73.72±2.63	1.28±0.16	57.59	0.04±0.00	0.01±0.00

3.1.1.2　试验设计和样品采集

本研究使用特制堆肥箱（容积 100 L），调整初始含水率为 65%，添加玉米秸秆调整 C/N 为 25，每隔 7 d 翻堆，整个试验持续 35 d。设计 5 个处理组，CK 组：不添加 CSBC；T1 组：添加 5% CSBC；T2 组：添加 10% CSBC；T3 组：添加 15% CSBC 和 T4 组：添加 20% CSBC，以干重为基础，保持总质量不变，以 CK 组为对照组。所有堆肥反应器均放置在常温环境中，取样时间为第 0、3、7、14、21、28、35 d，分别从堆体上、中、下 3 层取混合样 300 g，收集到的样本分为三部分：一部分是存储在冰箱 4℃的新鲜样品溶解在去离子水中（1:10）用来检测基础理化特征；一部分是干燥和研磨样品用于 Cu、Zn 及 HS 的检测；一部分是储存在-20℃冰柜用于微生物分析。每个样品检测均做 3 平行试验，取其平均值。

3.1.1.3　分析方法

（1）温度

每天 9:00 和 16:00 使用精密数显温度计按五点采样法测定堆体中心及周围 5 个不同位置的温度，取其平均值作为堆体的温度，同时记录室内温度。

（2）含水率

取堆肥样品 5 g 在 105℃烘箱中烘干至恒重，测定样品的含水率。

（3）pH 值和 EC 值

将新鲜堆肥样品与去离子水按 1:10（质量比）混匀，于水平摇床上震荡 2 h，静置 30 min 后用 pH 计和电导仪测定 pH 值和 EC 值。

（4）种子发芽率（GI）

新鲜样品与去离子水按 1:10（质量比）混匀，水平摇床震荡 2 h，静置 30 min 后用滤纸过滤，取滤液备用。将 5 mL 的滤液加入直径为 9 cm 并铺有滤纸的培养皿中，每个培养皿中放入 20 粒大小相等、籽粒饱满的白菜种子，将其放置在（25±2）℃的培养箱中，避光培养 3 d，同时以去离子水为对照。GI 的计算按照畜禽粪便堆肥技术规范（NY/T 3442—2019）标准执行，堆肥浸提液的发芽数/种子总数和种子平均根长的乘积与去离子水的发芽数/种子总数和种子平均根长的乘积的比值为 GI。

（5）总有机质

取 5 g 样品于马弗炉中 500℃灼烧 5 h，灼烧后损失的质量与灼烧前的质量比为 OM 含量。

（6）溶解性有机碳

准确称量 0.05 g 样品于 500 mL 的三角瓶中，然后准确加入 1 mol/L（$1/6K_2Cr_2O_7$）溶液 10 mL 于样品中，转动瓶子使之混合均匀，然后加浓硫酸 20 mL，将三角瓶缓缓转动 1min，促使混合以保证试剂充分作用，并在石棉板上放置 30 min，加水稀释至 250 mL，加 3~4 滴邻啡罗琳指示剂，用 0.5 mol/LFeSO₄ 标准溶液滴定至近终点时溶液颜色由绿变成暗绿色，逐滴加入 FeSO₄ 直至生成砖红色为止。计算公式为

$$土壤有机碳(g/kg) = \frac{c \times (V_0 - V) \times 103 \times 3.0 \times 1.33}{烘干样品重量} \times 1\ 000$$

$$(3-1)$$

c-0.5 mol/L FeSO₄ 标准溶液的浓度。

（7）氨态氮

NH_4^+-N 标准贮备溶液 [$\rho_{(N)} = 1\ 000$ μg/mL]：称取 3.819 0 g 氯化铵（NH_4Cl，优级纯，100~105℃干燥 2 h），溶于去离子水中并移

入 1 L 容量瓶中，稀释至标线。NH_4^+-N 标准工作溶液［$\rho_{(N)}$ = 10 μg/mL］：取 5.00 mL NH_4^+-N 标准贮备溶液于 500 mL 容量瓶中，稀释至刻度（临用前配制）。NH_4^+-N 校准曲线：取 8 个 50 mL 比色管，分别加入 0.00 mL、0.50 mL、1.00 mL、2.00 mL、4.00 mL、6.00 mL、8.00 mL 和 10.00 mL NH_4^+-N 标准工作溶液，其所对应的 NH_4^+-N 含量分别为 0.0 μg、5.0 μg、10.0 ug、20.0 ug、40.0 ug、60.0 ug、80.0 μg 和 100.0 μg，加水至标线，再加入纳氏试剂 1.00 mL，摇匀。放置 10 min 后，20 mm 比色皿加装样品 2/3 处，COD 仪检测吸光度，并以去离子水作参比。以空白校正后的吸光度为纵坐标，以其对应的 NH_4^+-N 含量为横坐标，绘制校准曲线。

取 2.00 g 研磨样品加入离心管，准确加入 2 mol/L KCl 溶液 10 mL 于样品中，水平摇床震荡 2 h，静置 30 min 后用 0.45 μm 滤膜过滤，取滤液 1 mL，去离子水定容至 50 mL，再取 5 mL 稀释液顺次加入 3 滴纳氏试剂，等待 10 min 后用 COD 仪器检测吸光度。

（8）硝态氮

硝态氮（NO_3^--N）标准贮备液［$\rho_{(N)}$ = 100 μg/mL］：称取 0.7217 g 硝酸钾（KNO_3，优级纯，105~110℃ 干燥 2 h）溶于去离子水中并定容至 1 L。NO_3^--N 标准溶液［$\rho_{(N)}$ = 10 μg/mL］：测定当天吸取 10 mL NO_3^--N 标准贮备液于 100 mL 容量瓶中，用去离子水定容。浓硫酸溶液（1：9）：取 10 mL 浓硫酸缓缓加入 90 mL 水中，绘制校准曲线。取 5 mL 预处理水样加入比色管，稀释定容至 25 mL，移液枪吸取 1+9 HCl 溶液，加入比色管。取 1 mL 移液枪润洗吹干，0.8% 氨基磺酸（NH_2SO_3H）溶液润洗 2 次，移入 0.05 mL NH_2SO_3H 溶液，盖上盖子摇匀。取 20 mm 比色皿，加样品值 2/3 处，放入紫外-可见分光光度计中测定溶液 220 nm 和 275 nm 的吸光度。

$$吸光度处理：Ar = A_{220} - 2 \times A \qquad (3-2)$$

Ar-纵坐标，加入的标液体积为横坐标。

$$样品浓度的计算：C_{水样} = C_标 \times (y - B)/(V_水 \times A) \qquad (3-3)$$

该实验测量范围为 0.08~4 mg/L。

所用实验仪器和实验试剂见表 3-2、表 3-3。

表 3-2　实验仪器

仪器名称	型号	生产厂家
数显精密温度计	0821-CWY	浙江蒂梵尼尔
电子分析天平	ME204E	上海梅特勒-托利多仪器有限公司
电热鼓风干燥箱	202-00A	天津市赛得利斯实验分析仪器制造厂
紫外可见分光光度计	752N	上海仪电分析仪器有限公司
COD 仪	DR 1010	上海仪电分析仪器有限公司
高速离心机	CT1141	上海天美生化仪器设备工程有限公司
pH 计	PHS-3E	上海仪电科学仪器股份有限公司
马弗炉	KSL-1100X	合肥科晶材料技术有限公司
电导率仪	HQ40d	美国 NACH 公司
恒温培养箱	HWS-080	上海精宏实验设备有限公司
磁力加热搅拌器	HJ-2	上海梅香仪器有限公司
回旋式振荡器	HY-5	金坛区西城新瑞仪器厂

表 3-3　实验试剂

名称	级别	生产厂家
重铬酸钾	分析纯	天津市大茂试剂厂化学
浓硫酸	分析纯	国药集团化学试剂有限公司
邻啡罗琳	分析纯	国药集团化学试剂有限公司
硫酸亚铁	分析纯	天津市大茂试剂厂化学
氯化铵	分析纯	天津市大茂试剂厂化学
纳氏试剂	分析纯	天津市永大化学试剂有限公司
氯化钾	分析纯	辽宁泉瑞试剂有限公司
硝酸钾	分析纯	阿拉丁试剂（上海）有限公司
盐酸	分析纯	阿拉丁试剂（上海）有限公司
氨基磺酸	分析纯	阿拉丁试剂（上海）有限公司

3.1.1.4　数据统计分析

数据处理及绘图均采用 Excel 2020、SPSS 26 和 Origin 2021 软件实现。

3.1.2　温度和嗜热天数

堆肥温度是表征堆体腐熟和腐殖化的重要指标，直接反映 OM 的降解速率[116]。根据堆肥温度动态变化，五个处理组的温度都表现出典型的四阶段堆肥温度模式（升温期、嗜热期、降温期和腐熟期）。如图 3-1a 所示，所有处理组在 55℃下维持了 3 d 以上，满足稳定化和腐殖化的要求（NY 525—2021）。除 CK 组外，其他处理组在升温期无明显差别，均在堆肥前 3 d 内从初始的 13.2℃迅速升高到 55℃以上，反映出 CSBC 处理的堆体物料易促进 OM 快速降解和微生物代谢活动的增强。CK 组温度在第 10 d 达到峰值（51.7℃），并在该水平上维持了 3 d。CSBC 处理组嗜热阶段的温度和持续时间增加，T2 组和 T3 组在第 8 d 达到峰值（62.7℃和 63.6℃），嗜热期持续了 12 d（图 3-1b）。总体温度波动范围为 51.3~65.8℃，反映了堆体有机物的体积消耗，消除病原微生物及有害杂质，保证堆肥内部微环境卫生。T1 组和 T4 组的嗜热阶段明显较短（10 d 和 9 d），高温波动保持在 52.0~57.4℃，这一结果可能是 T1 组没有足够的 CSBC 来维持 OM 的持续降解，以及 T4 组堆体过多的 CSBC 引起内部孔隙的拥堵[117]。嗜热末期，由于小分子易降解有机物完全消耗和大分子难降解有机物的不可用性，有限的营养物质抑制了好氧功能型微生物的代谢，温度逐渐下降，堆肥进入降温-腐熟期，降至室温，堆肥完成。

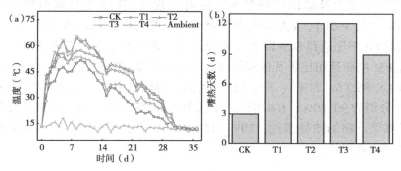

图 3-1　堆肥过程中温度和嗜热期（>55℃）天数的变化

3.1.3 含水率和种子发芽率

含水率是表征堆肥进程和好氧微生物活性的重要环境因子，堆肥水分不仅参与微生物生命活动还影响着堆体氧气内循环运输。堆肥含水率太低（≤30%）将影响微生物的生长代谢过程，太高（≥75%）则会产生物料团聚的局部厌氧现象，导致厌氧菌分解并产生臭气以及营养物质的沥出，从而延长堆肥腐熟周期[118]。保证堆肥效果的前提下，初始含水率一般保持在 55%~65%。随着堆肥进行，堆体含水率缓慢下降（图 3-2a），堆肥初期所有处理组均保持 65% 水分含量，升温期（0~3 d）T1 组~T4 组含水率均保持在 55.57%~60.06%，持水能力较 CK 组（48.99%）增强了 6.60%~11.06%。嗜热期（4~14 d）含水率下降幅度较快，T1 组~T4 组含水率分别下降39.04%、31.76%、25.08% 和 35.08%，是由于 CSBC 的持水能力以及适度的孔隙环境能增强好氧微生物活性，使 T2 组和 T3 组在嗜热期长的情况下也保证了含水率的稳定。腐熟期（21~35 d）各处理组含水率缓慢下降至稳定，是由于温度下降，水分蒸发量大幅减少。堆肥结束时，CK 组和 T1、T2、T3、T4 组含水量较初始值分别下降40.92%、38.43%、37.26%、35.05% 和 32.22%。

GI 受到堆肥成熟度变化和植物毒性的影响，可用于评价堆肥的质量。当 GI 高于 80% 时，可以认为堆肥产品对植物生长没有毒性[119]。堆肥升温期和嗜热期，所有处理组 GI 逐渐升高但都低于80%（图 3-2b），表明堆体初始状态下植物毒性较高。嗜热期后，T2组的 GI 率先达到 80% 以上（87.70%），表明堆肥前期 10% CSBC 适宜 PM 堆肥且相比于其他添加量最先达到完全腐熟状态。第 35 d 后，除 CK 外（67.77%），所有处理组的 GI 均超过 80%，T1 组~T4 组的GI 分别为 90.80%、104.85%、103.50% 和 93.01%，说明 CSBC 降低了堆肥产物的植物毒性，10%~15% CSBC 添加 PM 堆肥产品的腐熟度和肥效更佳。

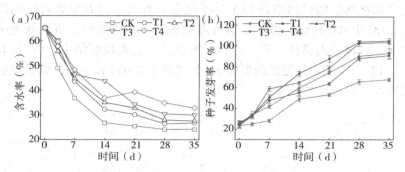

图3-2　堆肥过程中含水率和种子发芽率的变化

3.1.4　pH 值和 EC 值

pH 值是堆肥微环境的重要理化指标。如图 3-3a 所示，堆肥前期，将 CK 组（7.09）与 CSBC 处理组（7.40~8.60）进行比较，初始 pH 组间差异较大，这与 CSBC 的高碱性有关。所有处理组的 pH 均在嗜热期呈上升趋势，并在第 14 d 达到峰值（CK 组：7.55；T1 组：8.25；T2 组：8.74；T3 组：8.86；T4 组：8.89），随后下降至堆肥结束。堆体的偏碱性现象与堆肥原料添加 CSBC 导致微环境中大量碱性细菌的进化和嗜热细菌的活性有关[120]。第 35 d 之后，T2、T3 和 T4 处理组稳定在 8.2 左右，T1 组（7.59）略高于 CK 组（7.22）。CSBC 组的最终 pH 比 CK 组高 0.37~1 个单位，是由于 CSBC 促进了 OM 降解效率。

EC 值能够表征堆体可溶性盐浓度和可溶性离子浓度，是确定堆肥特性的重要参数[10]。如图 3-3b 所示，EC 值在升温期和嗜热期急剧上升，占总增加率的 89.06%~97.24%，最终 EC 值分别为 3 517 μS/cm、3 225 μS/cm、3 624 μS/cm、3 511 μS/cm 和 3 534 μS/cm，与初始值相比，CK 组和 T1、T2、T3、T4 处理组的最终 EC 值分别提高了 139.25%、175.88%、233.09%、250.75% 和 246.47%。与 CK 组和 T1 组相比，T2 和 T3 处理组的 EC 值更快稳定，这可能是由于 CSBC 在堆肥过程中吸附了更多的盐离子[21]。15 d 后 EC 值的升高与大量化合物被微生物代谢消耗和小分子化合物有关。随着堆肥时间的延长，EC 中 OM 矿化的增加是不可避免的。在本研究中，所有处理组的 EC 在 14 d 内迅速上升，然后缓慢上升，直到堆肥结束。CK 组和 T1、T2、T3、T4 处理组的最终 EC 值均低于 4 000 μS/cm，满足堆肥成熟度和安全性的要求。

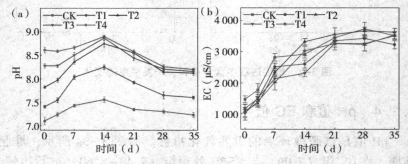

图3-3　堆肥过程中 pH 和 EC 的变化

3.1.5　氨态氮和硝态氮

NH_4^+-N 的分布如图 3-4a 所示。NH_4^+-N 浓度在升温期和嗜热期升高而迅速降低，相比于整体下降率，CK 组和 T1、T2、T3、T4 组分别达到 43.84%、94.26%、81.95%、80.84% 和 93.56%，主要原因是高温 OM 降解的氨化作用以及硝化作用引起。CK 处理组 NH_4^+-N 最高（235.18 mg/kg），其次为 T1 组（218.86 mg/kg）、T4 组（214.37 mg/kg）、T3 组（138.65 mg/kg）和 T2 组（127.22 mg/kg），这是由于不同 CSBC 浓度主导堆体可分解，氮素含量增加所致。嗜热期后，NH_4^+-N 水平逐渐平稳，直到试验结束，主要原因是硝化作用。各处理组最终 NH_4^+-N 含量均小于 400 mg/kg，满足堆肥的成熟度和稳定性要求。

如图 3-4b 所示，初始状态下，NO_3^--N 含量较低，是由于温度限制了硝化细菌的活性。随着温度和 pH 升高，硝化细菌的生长和活性被促进，NO_3^--N 含量逐渐增加，腐熟期逐步稳定直至试验结束。最终 NO$_3^-$-N 值分别为 31.33 mg/kg、32.43 mg/kg、32.65 mg/kg 和 31.77 mg/kg，低于 CK 处理组的 34.85 mg/kg。与 CK 处理组相比，CSBC 处理后 NO$_3^-$-N 浓度增加了 52.57%～57.82%，这主要是由于 CSBC 介导的硝化作用。这一结论与 Wang 等[122]的研究一致，即通过添加 CSBC 可以增加堆肥中的 NO$_3^-$-N 含量。

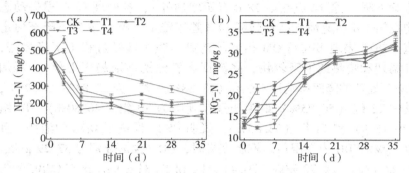

图 3-4　堆肥过程中 NH$_4^+$-N 和 NO$_3^-$-N 的变化

3.1.6　总有机质与水溶性有机碳

OM 是堆肥微生物活动的主要能量来源，其相对变化率直接反应堆肥效率[123]。根据温度的动态变化，OM 降解过程主要分为两个阶段：小分子易降解阶段（升温期和嗜热期），大分子难降解阶段（降温期和腐熟期）。如图 3-5a 所示，与 CK 对比，CSBC 处理组的升温期和嗜热期降解速率（CK 组：30.15%；T1 组：85.59%；T2 组：76.66%；T3 组：60.22%；T4 组：56.45%）是 CK 组的 1.87～2.84 倍，说明 CSBC 促进了堆肥 OM 的分解。Wang 等[124]发现适量 CSBC 显著提高堆体孔隙度，为微生物活动提供有利条件，但过多 CSBC 会导致热量损失，OM 分解缓慢，延缓堆肥腐熟。嗜热期过后，OM 降解速率逐渐缓慢，并在腐熟期稳定。堆肥后期小分子 OM 降解殆尽或者低温抑制了功能微生物生长和活性导致 OM 降解缓慢。堆肥结束时，所有 CSBC 处理组的 OM 浓度降解率分别达到 23.09%、27.15%、24.72% 和 22.36%，对比 CK 组（16.29%）分别提高了

6.80%、10.85%、16.29%和8.43%。结果表明堆肥 OM 逐渐下降，前中期 OM 的降解速率较快，归因于 CSBC 延长嗜热阶段以促进好氧嗜热微生物活性的大量消耗。

DOC 是堆肥有机物利用的直接碳源，反映堆肥效率和质量[125]。如图 3-5b 所示，堆肥 35 d 后，各处理 DOC 含量都表现为持续下降（除 T2 组在第 28 d 有所增加外），各处理 DOC 损失动态均在第 7 d 加速消耗，直到第 14 d 趋于稳定，第 28 d 后下降至恒定值。DOC 表现出与总 OM 相似的趋势（整个堆肥过程中下降显著，升温期和嗜热期下降较快，降温期和腐熟期逐渐趋于平稳）。添加 CSBC 处理的降解率均比 CK 组（18.28%）大，为 33.83%~56.95%，其中 T3 组（56.95%）最为明显，其次为 T2 组（46.80%）、T4 组（39.13%）和 T1 组（33.83%）。说明 CSBC 促进了 DOC 的消耗，且以 15% CSBC 为极限值。堆肥完成时，DOC 含量分别为 37.29 g/kg、30.66 g/kg、24.70 g/kg、20.45 g/kg 和 27.84 g/kg。这与 CSBC 的生物特性有关，增加好氧微生物的附着位点的同时扩散氧气，提高微生物活性，DOC 降解更加充分。第 28 d 整体 DOC 趋于稳定，表明堆肥进程的腐殖化完成。

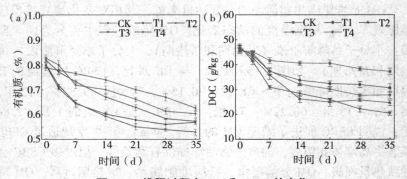

图 3-5　堆肥过程中 OM 和 DOC 的变化

3.1.7　小结

（1）CSBC 的添加直接影响堆体的高温和高温持续时间，与 CK

组相比添加 CSBC 处理组嗜热阶段的温度和持续时间均有增加，反映堆体内部易降解有机物的消耗主要发生在嗜热期。T2 组堆肥嗜热期含水率下降幅度最快，是由于 CSBC 的持水能力以及适度的孔隙环境增强好氧微生物活性。堆肥后，各处理组 GI 表现为 T2 组>T3 组>T4 组>T1 组>CK 组，说明添加 10%~15% CSBC 的 PM 堆肥产品腐熟度和肥效更好。

（2）添加 CSBC 组的最终 pH 值比 CK 组高 0.37~1 个单位，说明 CSBC 的添加导致了堆体的偏碱性现象，且堆肥产品的 pH 不随 CSBC 的添加量而增多。CSBC 通过自身的强持水能力来保证堆体内微环境的水分输送，维持 EC 在安全可控状态（<4 000 μS/cm），与初始值相比，CK 组和 T1、T2、T3 和 T4 处理组的最终 EC 值分别提高了 139.25%、175.88%、233.09%、250.75% 和 246.47%。CSBC 通过吸附游离状离子使可溶性盐离子含量升高，以添加 15% CSBC 为离子溶出限值。

（3）堆肥 NH_4^+-N 浓度在升温期和嗜热期相比，CK 组~T4 组整体下降率分别达到 43.84%、94.26%、81.95%、80.84% 和 93.56%，主要原因是 CSBC 主导堆体嗜热期高温促进 OM 降解以及氨化作用。随着温度和 pH 升高，硝化细菌的生长和活性被促进，与 CK 组相比，添加 CSBC 处理组 NO_3^--N 含量增加 52.57%~57.82%，是由于 CSBC 介导的硝化作用。

（4）堆肥前中期 OM 和 DOC 的大量消耗代表堆体内部大量小分子易降解有机物被微生物代谢活动利用，堆肥结束时，对比 CK 组（16.29%），CSBC 处理组分别提高了 6.80%、10.85%、16.29% 和 8.43%，表明添加 15% CSBC 促使堆体加速消耗 OM。

3.2　生物炭对溶解性有机物（DOM）腐殖化过程的影响

DOM 是好氧消纳的关键化学成分，含有多种功能性官能团，被用作堆肥过程中 OM 转化的评价指标。研究发现，堆肥过程中 DOM

组分中的脂肪化合物、醇类、醚类和多糖的降解为微生物活性产生能量，同时增加堆肥 OM 的芳香化[126]。一些研究使用化学和光谱方法研究了固体废物、污水污泥和畜禽粪便堆肥过程中的有机物转化。堆肥 DOM 稳定性的转化能够用腐殖化指数［HI（HA/FA）］、紫外-可见光光谱（UV-Vis）、傅里叶红外光谱（FTIR）以及三维荧光光谱（3D-EEM）测定[127]，且使用单一参数作为堆肥成熟度指标是不够的，需要将多个参数指标进行综合评价。具体而言，紫外可见光吸收表征堆肥 DOM 的一种敏感而有效的工具，由于不同分子基团具有不同的分子空间结构，所以反射不同电子能级跃迁而产生的光谱也不同[128]。根据这一特性，可对 DOM 配合物进行定性分析，且紫外参数（$SUVA_{254}$）与有机化合物的 C=C 键有关，且该值越高，OM 的芳香程度越高[129]。然而，一维光谱由于 DOM 的极端异质性，常常出现严重的峰重叠现象。最近的研究表明，二维相关光谱（2D-COS）可以解决峰重叠问题，并通过沿二维延伸峰来提高光谱分辨率。更重要的是，2D-COS 可用于识别光谱变化（结合位点）的序列，从而探测 OM 结合机制[130]。Chowdhury 等[131]指出堆肥完成时 DOM 大量转化羧酸类和芳香族物质，嗜热期温度越高则分子缩聚形成的分子量越大，芳构化程度越高。尽管应用广泛，但紫外可见光吸收光谱和红外光谱不能提供 DOM 结构的详细信息。而 3D-EEM 是测定 DOM 物质的有力工具，荧光光谱用于量化堆肥过程中 DOM 的腐殖化和成熟度。用于评估腐殖质（HS）腐殖化程度的参数包括不同波长荧光峰之间的强度比、荧光光谱区域之间的面积比、荧光光谱（EEM）中荧光区域积分（FRI）计算的荧光响应百分比（$P_{i,n}$）以及荧光组分的平行因子分析（EEM-PARAFAC）识别的成分分布，EEM-PARAFAC 分析可以将荧光光谱分解为独立的荧光组分组，为腐殖酸荧光光谱（HA-EEM）数据集提供了独特的解决方案。

3.2.1　材料与方法

3.2.1.1　试验材料

供试样品取自本文 3.1 PM 添加 CSBC 堆肥 5 个处理组各个时期

的堆肥风干样品。

3.2.1.2　分析方法

（1）腐殖酸和富里酸检测

2 g 风干样品 + 20 mL 提取液 [0.1 mol/L NaOH + 0.1 mol/L $Na_4P_2O_7$（φ = 1 : 1）]，混合均匀后，在 25℃ 160 r/min 条件下振荡 24 h，静置 10 min，以 5 000 r/min 转速离心 20 min，用 0.45 μm 滤膜过滤，得到滤液，此为 HS；取 5 mL 的 HS 滤液用 6 mol/L HCl 调至 pH 值 = 1，在 4℃ 条件下静置 12 h，此时沉淀为 HA，上清液为富里酸（FA），慢速定性滤纸过滤后，用树脂吸附 FA，然后 0.5 mol/L NaOH 洗脱。HA 采用 6 mol/L NaOH 溶解，HS、HA 和 FA 均采用重铬酸钾氧化法测量并计算其含量。

（2）紫外-可见光光谱

将风干样品研磨过筛（100 目），按照 1 g : 10 mL 比例加入纯水，在室温下 250 r/min 震荡 24 h，5 000 r/min 离心 10 min，取上清液再过 0.45μm 滤膜，得到 DOM 母液，冰箱冷藏待用。

紫外-可见光光谱测定扫描波长范围为 200~800 nm，扫描间距为 1 nm。DOM 母液加去离子水稀释使 DOC 调整为 20 mg/L，并以纯水为空白对照，扫描紫外-可见光全谱。

（3）傅里叶红外光谱

HA 样品冷冻干燥 70 h，样品干燥后在傅里叶红外光谱仪上进行测定，波数范围为 4 000~400 cm^{-1}，分辨率为 4 cm^{-1}，扫描次数为 32。

（4）三维荧光光谱

DOM 母液样品加去离子水稀释使可溶性有机碳（DOC）调整为 5 mg/L，进行荧光光谱扫描，并用纯水作为空白对照。激发光源：150 W 氙弧灯；光电倍增管（PMT）电压：700 V；信噪比 > 110；狭缝宽带：Ex = 10 nm；Em = 10 nm；响应时间：自动。三维荧光光谱测定时激发波长 Ex = 200 ~ 400 nm；Em = 300 ~ 600 nm，扫描速度 1 200 nm/min。

实验过程中使用的仪器及试剂见表 3-4、表 3-5。

表 3-4　实验仪器

仪器名称	型号	生产厂家
高速离心机	CT1141	上海天美生化仪器设备工程有限公司
回旋式振荡器	HY-5	金坛区西城新瑞仪器厂
磁力加热搅拌器	HJ-2	上海梅香仪器有限公司
紫外-可见光光谱	UV1700	上海奥析科学仪器有限公司
傅里叶变换红外光谱仪	iS20	上海柜谷科技发展有限公司
三维荧光光谱仪	F-7000 FL	日本岛津公司

表 3-5　实验试剂

试剂名称	级别	生产厂家
重铬酸钾	分析纯	国药集团化学试剂有限公司
过氧化氢	分析纯	国药集团化学试剂有限公司
焦磷酸钠	分析纯	国药集团化学试剂有限公司
盐酸羟胺	分析纯	天津市大茂试剂厂化学
盐酸	分析纯	国药集团化学试剂有限公司
吸附树脂	分析纯	国药集团化学试剂有限公司

3.2.1.3　数据处理

数据采用 Excel 2020 统计，数据均使用 SPSS 26 进行计算，谱图采用 Origin 2021 和 Hiplot 平台进行绘制。用 Matlab 软件将三维荧光谱图中不同区域体积进行积分。

3.2.2　腐殖酸和富里酸含量变化

堆肥 OM 的主要成分为 HA，是结构复杂但性质稳定的高分子量 OM。HA 可以有效地络合生物可利用态-铜（BS-Cu）和生物可利用态-锌（BS-Zn），改善堆肥的腐殖化程度[133]。如图 3-6 所示，HA 含量的增加主要发生在堆肥的第 3 d 到第 21 d，占整体增长量的 44.23%~53.33%。这一结果表明，堆体腐熟主要发生在嗜热期和降温期。CSBC 组堆肥后 HA 的增幅是 CK 组的 1.57~2.29 倍，其中 T3 组的 HA 增幅最高 （45.07 mg/g）。这一结果表明，CSBC 促进了 HA 的形成，T3 组 （添加 15% CSBC） 是对 HA 形成产生最有利的处理。

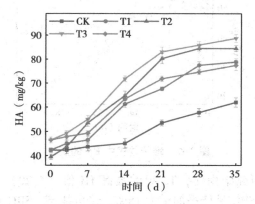

图 3-6　堆肥过程中 HA 的变化

　　HS 的另一个重要成分是 FA，它是通过降解蛋白质类化合物而合成的小分子链 OM[134]。如图 3-7 所示，初始混合物中 FA 含量较高 （47.89~53.52 mg/g），说明初始堆体中含有丰富的小分子易降解 OM。随着堆肥时间的延长，FA 含量在堆肥初期增多后下降，峰值为表明 FA 作用主要发生在堆肥前期 （升温期和嗜热期），这与温度、pH 以及 DOC 的变化有关。在嗜热阶段和冷却阶段，FA 含量大幅下降，各 CSBC 处理组的变化范围为 22.54~30.99 mg/g，而 CK 组的变化为 8.45 mg/g。CSBC 组的 FA 降解是 CK 组的 2.67-3.67 倍，但 CSBC 含量的变化对 FA 的降解没有明显的影响。

　　HA 与 FA 的比率 （腐化指数，HI） 是验证堆肥成熟度的一个重要指标。在堆肥阶段的初期，产生了大量的 FA，在嗜热阶段数量明显减少。同时，产生了大量的 HA，因此，HI 趋于增加 （图 3-8）。这一结果表明，堆肥分解的关键阶段是嗜热阶段和降温阶段。在本研究中，随着 CSBC 的加入，CK 组的 HI 增加了 43.51%，而 CSBC 组的 HI 远远高于 CK 组，分别为 74.70%、80.35%、78.17% 和

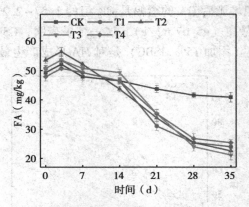

图 3-7　堆肥过程中 FA 的变化

68.24%。在研究结束时，T3 组的最高 HI 值（4.20）表明促进 PM 堆肥腐烂的 CSBC 最佳添加量为 15%，这可能与 CSBC 直接改变堆肥微环境的 pH 有关。

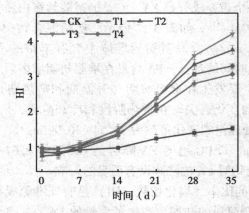

图 3-8　堆肥过程中 HI 的变化

3.2.3　紫外-可见分光光度化（UV-Vis）腐殖化特征值变化

DOM 的 UV-Vis 单个波长可表征堆肥过程中腐殖化程度和官能

团取代程度。紫外可见区 254 nm 与芳香化合物的 C = C 键和 C = O 键电子跃迁有关[134]。如图 3-9a 所示，CSBC 各处理组的 $SUVA_{254}$ 值增幅为 200.77% ~ 316.89%，是 CK 组（156.39%）的 1.36 ~ 2.11 倍，表明 CSBC 对堆肥芳香族化合物具有结合亲和力。芳香-COOH 和-OH 等腐殖化功能基团的孤对电子是主要端基基团，在堆肥中也被证实[135]。而堆肥嗜热期（7 ~ 14 d）$SUVA_{254}$ 增幅明显高于其他时期，说明芳香族化合物的生成主要在嗜热期发生，且 T3 组（15% CSBC）表现出芳香产物的最高输出。此外，UV-Vis 腐殖化指数 SUVA_{280} 能够反映木质素降解的苯环结构含量和 DOM 芳香族或不饱和化合物的丰度[136]。所有处理组都表现出 $SUVA_{280}$ 增加趋势，CSBC 组增幅为 61.94% ~ 75.24%，而对照组 CK 仅为 38.66%。说明 CSBC 促进了堆肥过程中腐殖化和芳构化反应，且以 T3 组（75.24%）为最佳添加量。

UV-Vis 光谱中 200 ~ 400 nm 对 DOM 有吸收，而 226 ~ 400 nm 下为电子转移（ET）带，ET 带受极性官能团的影响，例如芳香化和腐殖化的极性官能团（羟基、羰基、羧基和酯基）的反应使 ET 带强度提高[137]。ET 带积分面积（$A_{226-400}$）从堆肥基质中表现出 T2 组优势，后续堆肥中增长保持相似趋势，但 T3 组中腐熟期比 T2 组进一步上升，说明在堆肥后期 10% CSBC 不足以支撑增加腐殖化有机大分子产量而产生稳定的 HS 物质。

紫外可见光谱中 250 nm 处的吸光度与 365 nm 处的吸光度之比与降解 OM 的腐化程度和分子量成反比，250 nm 和 365 nm 区域由芳香化合物和/或不饱和化合物描绘，E_2/E_3 指数已被广泛用作堆肥成熟度的评价指标[138]。在初始阶段，随着 CSBC 的增加，E_2/E_3 值的组间差异呈现先增加后减少的趋势，这可能是因为 CSBC 丰富的碳官能团增强了分子间的联系。此外，T4 组的 E_2/E_3 值较小，说明 T4 组芳香环上的取代基主要为非极性官能团，如脂肪族等，这可能是 20% CSBC 所含的丰富营养物质造成的表面现象。第 35 d 后，T3 组的 E_2/E_3 最高（69.06%），其次是 T2、T1 和 T4 组，其值分别为 60.37%、50.42% 和 42.70%；CK 组的值最低（16.31%）。结果表明，CSBC 改善了堆肥的腐化程度，促进了高分子芳香环上的取代基（羟基、羧基、羰基和酯基）的转化，其中以 T3 组为优。

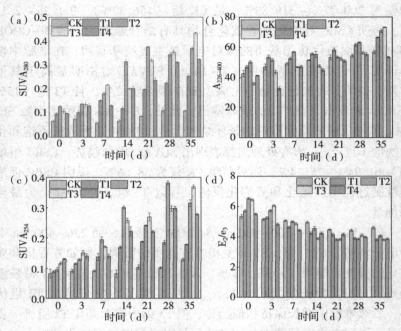

图 3-9 堆肥过程中紫外-可见光光谱特征值的变化

3.2.4 荧光物质的演化

3D-EEM 荧光谱图区域整合提供了大量 DOM 变化的信息。荧光面积计算为总荧光峰面积的百分比（P_i，其中 $i = I$，II，III，IV，V）（计算 FRI 分数时去掉瑞利散射和拉曼散射）。如图 3-10 所示，将谱图分为 5 个区域（I~V），P_I 和 P_{II}：芳香烃蛋白类物质（Ex/Em = 200~250 nm/280~330 nm；Ex/Em = 200~250 nm/330~380 nm），P_{III}：FA 类物质（Ex/Em = 200~250 nm/380~550 nm），P_{IV}：可溶性微生物副产物（Ex/Em = 250~360 nm/280~380 nm），P_V：HA 类物质（Ex/Em = 250~400 nm/380~550 nm）[139-141]。堆肥原料主要由 P_{II}

和 P_{III} 组成，CK 组~T4 组含量波动在 65.42%~70.77%，组间差异较小。CK 组芳香烃蛋白类物质（P_I 和 P_{II}）含量为 44.44%，与 CSBC 处理组含量（34.77%~35.19%）对比增加了 9.25%~9.64%，说明 CSBC 能够影响初始芳香烃类蛋白质物质含量。随着时间推移，嗜热期（第 7 天）CK 组 P_I 和 P_{II} 的芳香烃类蛋白物质降解率为 8.30%，而 T1 组~T4 组降解率达到 19.32%~31.00%，说明嗜热期 CSBC 能够促进芳香烃蛋白类物质 2~3 倍降解，可能是因为 CSBC 的高氧化还原特性加速了氨基酸多聚体分子链的转化速度。堆肥结束时，芳香烃蛋白类物质降解率最大是 T3 组（67.49%），是 CK 组（20.68%）的 3.26 倍，说明 15% CSBC 芳香烃蛋白类物质降解率最高。第 0 天各处理组 P_{III} 范围波动在 24.22%~29.75%，其中 CK 组最低，T4 组最高，是由于 CSBC 添加量的不同而产生少量 FA 类物质所致。随时间的推移，P_{III} 逐渐减少的同时 P_V 逐渐增多，表明 FA 类物质在转化为稳定的更高层次结构，如 HA 类物质。所有处理的 P_V 均随时间增加而增加，T1 组~T4 组的 P_V 从第 0 天的 4.77%~7.66% 增

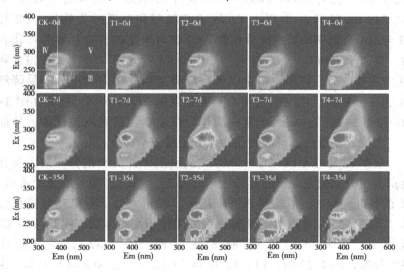

图 3-10　堆肥 DOM 的 3D-EEM 谱图
（Ex. 和 Em. 分别表示激发波长和发射波长）

加到第 35 天的 50.81%～68.48%，增幅达到 563.32%～1 335.64%。CSBC 处理组的组间差异较大，T3 组增幅是 T1 组、T2 组、T4 组的 2.37 倍、1.48 倍、1.69 倍，说明 15% CSBC 形成的更稳定的大分子结构，其丰富的含氧官能团增强了对易降解 OM 的缩聚能力，而 20% CSBC 的大表面积特性反而阻碍了这种分子缩聚。此外，P_{II}、P_{III} 和 P_{IV} 下降的同时 P_V 增多，说明蛋白质、FA 和可溶性微生物副产物均参与了 HA 的形成，从而提高了 HS 化程度。

3.2.5 DOM 平行因子分析

激发发射矩阵荧光耦合平行因子分析（EEM-PARAFAC）被认为是表征堆肥过程中 DOM 动态演化的一种有效方法[142]。如图 3-11a，b，c 所示，在 PM 添加 CSBC 堆肥 DOM 的 3D-EEM 荧光光谱的基础上鉴定出 3 种荧光组分，组分 I（C1）由激发/发射（E_x/E_m）波长分别为（220，275）/325 nm 的两个峰组成，成分 II（C2）由（255，335）/455 nm 的两个峰组成，成分 III（C3）由 281/349 nm 峰组成[143-145]。C1 属于色氨酸和酪氨酸类物质，C2 和 C3 与 HA 类物质相关的成分相似，C2 含有丰富的芳香和异芳环化合物，类似于生物 HA，C3 主要指陆生类 FA 荧光团[146]。堆体以 C1 和 C3 为主要成分，说明原料中以芳香烃类蛋白质物质和小分子易降解 FA 为主要物质。C1 和 C2 占总荧光强度的 31.61%～55.13%（图 3-11a 和图 3-11b），归因于蛋白质作为微生物代谢底物被代谢，从而产生大量分泌蛋白，可被转化为大分子量 HA 物质。

根据 EEM-PARAFAC 计算方式识别出 3 种荧光组分，最大荧光面积占相关总荧光面积的百分比标记为 F_{max}（%）。随着堆肥的进行，C1 的各处理组 F_{max} 值均呈现下降趋势，表明大分子量氨基酸链被分解，类色氨酸物质和类络氨酸物质被用作 HA 前体物。嗜热阶段 C1 组分 T3 组的 F_{max} 达到 84.81%（图 3-11a2），是 CK 组（19.76%）的 4.29 倍，T1、T2 和 T4 处理组在 52.60%～65.48%，说明堆肥前期 CSBC 主要通过加速分解色氨酸和酪氨酸等类蛋白质物质转化大分子量产物，且 15% CSBC 更快实现大分子量 HA 形成，腐熟期也能够支撑 HA 的聚合反应。C2 的 F_{max} 值随着堆肥时间的增加而增加，T1 组～T3 组的增幅在 68.26%～86.68%（图 3-11a2、图 3-11b2 和图 3-11c2），表明 C2 与高分子量 OM 和 E_x/E_m 较大的芳香族荧光有机物有关，说明 CSBC 促进了大分子物质 HA 前体的形成过程。堆肥完成后 T4 组（35.29%）的 HA 低增量表明过量的 CSBC 抑制了可溶性蛋白小分子向大分子链 HA 的聚合。此外，T1 组～T4 组中 C3 的 F_{max} 在第 0 天至第 21 天降解率分别达到 70.52%、68.52%、78.18% 和 66.48%，堆肥结束时有所回升（1.12%～8.02%），表明堆肥嗜热期和降温期 CSBC 促进类 FA 物质聚合形成大分子量 HA 后存在少量析出现象，且随着 CSBC 浓度而改变。堆体中 C2 含量的大量增加和 C1 及 C3 的降解表明 PM 添加 CSBC 提高了 HA 形成过程中小分子量 OM 向大分子量 OM 的转化效率，并增加其芳香性，以 T3 组（15% CSBC）为最优处理组。

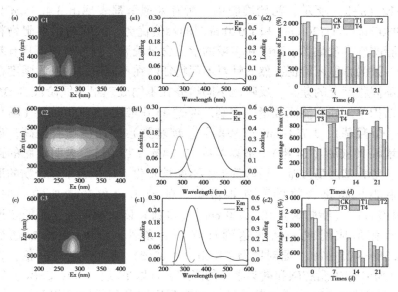

图 3-11　DOM 的 EEM-PARAFAC 模型分解的三个荧光组分及线图和 Fmax 分布

3.2.6　FTIR 特征官能团分析

HA 的 FTIR 光谱的有效信息分布在光谱范围的 4 000~1 000 cm^{-1}，选取一维 FTIR 相关特征光谱峰位置信息[147]。特征吸收光谱主要为：3 400 cm^{-1}附近存在中强吸收峰，主要是由酚羟基和醇羟基伸缩振动以及酰胺和胺的 N—H 振动引起；2 930 cm^{-1}附近的强吸收峰主要是由脂肪碳 C—H 键伸缩振动（亲水碳）引起的；1 721 cm^{-1}附近吸收峰主要是羰基、酮和醛中的 C ═ O 拉伸或者羧酸碳—COOH 键振动引起；1 650 cm^{-1}附近存在强吸收峰主要是芳香环不饱和 C ═ C 骨架振动和 COO—的对称伸缩引起；1 436 cm^{-1}附近的尖吸收峰主要是羧基 C—O 键的不对称伸缩及木质素碳水化合物 C ═ O 伸缩振动引起；1 020 cm^{-1}附近的强吸收峰主要是多糖类或醚键的 C—O 伸缩引起[148-149]。相关光谱峰值的相对强度随堆肥时间的改变而改变，如图 3-12（a-h）所示，初始堆肥中，所有处理组都表现出 3 400 cm^{-1}、2 930 cm^{-1}、1 720 cm^{-1} 和 1 020 cm^{-1}的峰值优势，表明初始堆肥物料中脂肪族、羧酸类、酚类和多糖的组分含量较大，且各处理组具有基本一致的官能团特征，然而针对不同特征峰在不同阶段的吸收强度存在不同程度上的差异，反映出不同组分在不同处理组不同阶段其 OM 的结构单元和官能团数量的差别。经过 35 d 堆肥，3 400 cm^{-1}（酚羟基、醇羟基）、1 721 cm^{-1}（羧酸类、羰基类）的比值均有提高，最低增幅 3.86%（T4 组），最高可达 17.74%（T3 组），表明堆肥的进行，芳香基团酚羟基、羧酸等端基不断被转化，这是由于聚合物的形成和脂肪族化合物的不断被降解。酚羟基和羧基增加的同时，2 930 cm^{-1}（脂肪碳）和 1 020 cm^{-1}（多糖）值大幅降低，表明多糖被氧化形成醛或酮从而达到被降解的条件，CSBC 组降幅达到 12.38%~25.37%，是对照组 CK 组（4.62%）的 2.68~5.49 倍，说明 CSBC 促进脂肪碳和糖类组分的降解，且以 T3 组（15% CSBC）降解率最高。1 650 cm^{-1}（芳香碳）相对强度的显著增加是芳香 C ═ C 键和 C ═ O 键振动的结果，T1 组~T4 组增幅达到 24.39%~31.77%，对比 CK 组（6.34%）增幅显著，但 CSBC 各组（T1~T4）之间增幅

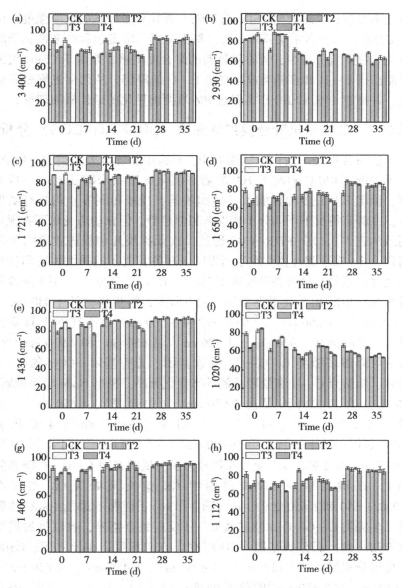

图 3-12 HA 的 FTIR 特征波段

变化不显著，结果表明 CSBC 会加强芳香族和酚羟基的反应强度，但与 CSBC 叠添加量的关系不显著。综上分析，堆肥过程中多糖和脂肪族化合物等成分减少，芳香碳骨架的聚合度增强，是由于 CSBC 促进了脂肪碳 C—H 和多糖类或醚键的 C—O 的降解，从而促进堆肥腐殖化，并推荐 15% CSBC 作为促进 PM 堆肥腐殖化的最佳添加剂量。

3.2.7 二维傅里叶变换红外光谱（2D-FTIR-COS）分析

已知芳香烃类蛋白质物质和类 FA 物质降解合成了类 HA 物质，但不同浓度 CSBC 影响下 HA 的动态演化次序及来源还需进一步明晰。堆肥 HA 的多种官能团（例如羧基、羟基和酮等）均具有团聚性，在静态情况下不同分子特性有相似趋势，但在动态变化下表现延迟或加速[150]。2D-FTIR-COS 通过二次元扩展光谱促进重叠峰的反褶积，HA 在堆肥过程中发生团聚反应时各官能团的属性种类和信号强度存在差异，这种差异能够用 2D-FTIR-COS 区分[151]。HA 同步和异步 2D-COS 相关光谱图如图 3-13 所示，同步谱图的 1 030 cm^{-1}、1 406 cm^{-1}、1 650 cm^{-1}、2 930 cm^{-1} 和 3 400 cm^{-1} 处出现 5 个自相关峰，交叉峰值在 1 030 cm^{-1}、1 406 cm^{-1}、1 650 cm^{-1} 和 2 930 cm^{-1} 处，代表可降解多糖类 C—O—C、酚族基团、芳香基团—COO 的 C—O 延伸、脂肪族 C—H 和酚羟基的动态变化顺序。根据 Node 顺序准则，CK 组中自相关峰出现在 1 030 cm^{-1}（中强峰）、1 650 cm^{-1}（弱峰）和 2 930 cm^{-1}（弱峰）处（图 3-13a），峰强度变化为 1 030 cm^{-1} → 1 112 cm^{-1} → 2 930 cm^{-1} → 1 650 cm^{-1}。同步谱图中 1 030 cm^{-1} 和 2 930 cm^{-1} 交叉峰符号为正，说明多糖 C—O—C 键和脂肪 C—H 键均减少。异步谱图中 CK 组交叉峰 λ_1/λ_2 出现在 1 030/1 650 和 1 650/2 930 处（图 3-13b），说明不添加 CSBC 堆肥时，多糖类 C—O—C 比脂肪族 C—H 反应强度剧烈，且红外波段变化方向一致，而芳香基团—COO^{-1} 变化方向相反。相比之下，CSBC 处理组分别加强了 1 112 cm^{-1}、1 406 cm^{-1}、1 436 cm^{-1}、1 650 cm^{-1}、2 930 cm^{-1} 和 3 400 cm^{-1} 的信号强度（图 3-13 d，f，h，j），表示 CSBC 在堆肥过程中加强了相关物质的反应强度。T1 组中增加了

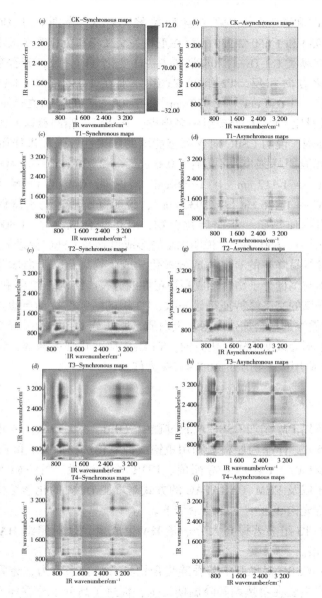

图 3-13　HA 的同步和异步 2D-FTIR-COS 相关谱图

1 406 cm^{-1}和 3 400 cm^{-1}两个自相关峰，λ_1/λ_2 分别在 1 030/1 650、
1 030/2 930 和 1 650/2 930 处存在正相关交叉峰和负相关交叉峰，表明
T1 组中多糖类 C—O—C 和脂肪族 C—H 变化方向一致，芳香基团和酚
羟基变化方向相反。T2 组和 T3 组分别在 1 030 cm^{-1}、1 112 cm^{-1}、
1 406 cm^{-1}、1 650 cm^{-1}、2 930 cm^{-1} 和 3 400 cm^{-1} 的自相关峰强度加强。
与 CK 组对比，CSBC 处理组中多糖类、芳香烃、脂肪族碳和酚羟基物
质均被加强，说明 CSBC 对含氧官能团的团聚性有强促进作用。T2 组
对应的官能团峰强度变化为：1 030 cm^{-1} → 2 930 cm^{-1} → 3 400 cm^{-1} →
1 650 cm^{-1} → 1 112 cm^{-1} → 1 406 cm^{-1}，说明 OM 的降解顺序为
1 030 cm^{-1} → 1 406 cm^{-1} → 2 930 cm^{-1}，说明降解顺序为易降解多糖类
分子→蛋白质物质→脂肪族化合物，有机物合成顺序：1 406 cm^{-1} →
3 400 cm^{-1} → 1 650 cm^{-1}，说明 HA 的形成过程是 CSBC 促进短脂肪链、
多糖和醇等易降解的有机物成分被化学或生物氧化，蛋白质降解氧化
成酚类再与多糖分子结合形成高稳定性的芳香族结构。T2 组和 T3 组中
同谱和异谱的交叉峰特征符号一致，T3 组的峰强度扰动更激烈。说明
CSBC 的叠添加量会加强多糖、蛋白质、脂肪族 C—H 和酚羟基的反应
强度，但不会改变 OM 变化方向。T4 组相应变化强度减弱，说明堆肥
的 CSBC 应用以干物质的 10%~15%为佳。

3.2.8 小结

本节以 PM 添加 CSBC 堆肥过程中（0 d、3 d、7 d、14 d、21 d、
28 d、35 d）样品为原料，利用重铬酸钾氧化法提取 HA 和 FA，通过
HI（HA/FA）、UV-Vis 特征值、FTIR 特征波段、2D-FTIR-COS、
3D-EEM 以及 EEM-PARAFAC 的方式对堆肥 DOM 的化学结构和组分
演化进行光谱表征。主要结论如下：

（1）T3 组显著提高大分子量 HA 生成量，是对照组 HA 生成量
的 2.29 倍。

（2）CSBC 对堆肥中芳香族化合物具有结合亲和力，芳香族化合
物的生成主要在嗜热期和降温期发生，促进了高分子芳香环上的取代
基（羟基、羧基、羰基和酯基）的转化，且 T3 组（15% CSBC）表

现出芳香产物的最高输出。

（3）CSBC 促进芳香烃蛋白类物质 2~3 倍降解，因为 CSBC 的高氧化还原特性加速了氨基酸多聚体分子链的转化速度。堆肥结束时，T3 组的芳香烃蛋白类物质降解率最高。

（4）CSBC 的添加会加速多糖类、芳香烃、脂肪族碳的降解，同时促进含氧官能团的团聚性。芳香基团酚羟基、羧酸等端基不断被转化而成，这可能是由于聚合物的形成和脂肪族化合物的不断被降解。

（5）CSBC 通过促进短脂肪链、多糖和醇等易降解 OM 被化学或生物氧化，蛋白质降解氧化成酚类再与多糖分子结合形成高稳定性的芳香族结构，且 CSBC 的叠添加量会加强多糖、蛋白质、脂肪族 C–H 和酚羟基的反应强度，但不会改变 OM 变化方向。

3.3 生物炭对 Cu、Zn 钝化的影响

由于生猪生产中的饲料添加剂中含有超量的 HM 元素以预防疾病和促进生长，导致 PM 含有高浓度 HM，含量从高到低依次为 Cu > Zn > Cr > Pb > As > Hg，其中 Cu 和 Zn 的含量远超其他 HM 元素[152]。Cu、Zn 不可生物降解和高浓度也阻碍了农业用地的应用。堆肥产品土地应用后通过食物链对植物、动物和人类健康构成潜在威胁，Cu、Zn 表现出生态毒性，从而抑制生态环境健康，有害 Cu、Zn 可通过直接或间接摄入、吸入和皮肤接触等暴露途径从污染土壤进入人体，造成健康隐患[153]。然而，根据以往的研究结果，HM 的潜在生物利用度和浸出率取决于特定的化学形态（可交换态、可还原态、可氧化态和残渣态），其形态也由不同性质（包括结合强度）组成，以自由离子形式存在，或与 OM 络合并掺入 HA 中[154]。对 PM 添加生物炭（BC）堆肥过程中 HM 的形态进行的多项研究表明，在最终的堆肥中，Cu 的化学形态集中在可氧化态且 70% 的 Cu 属于 OM 络合组分，而 Zn 主要集中在可氧化态和可还原态中。BC 钝化 Cu、Zn 的物理化学机制包括 BC 表面发生的物理吸附和配合物沉淀，以及 BC 结构中

存在的阳离子与阴离子的交换和静电与电荷的相互作用[155]。Awasthi 等[156] 报道 7.5% BC 添加堆肥最有益于 Cu、Zn 的生物有效态向稳定态转化。Cui 等[157] 报道畜禽堆肥添加 10% 花生 BC 有利于促进 Cu 和 Zn 的钝化。Lei 等[158] 指出堆肥微环境的差异会导致不同属的细菌群落对 Zn 的不同反应。Frutos 等[159] 发现 5% 锯末 BC 和 7.5% 麦秸秆 BC 能够降低 Cu 的可交换形态向稳定态转化。一些研究也证明,CSBC（10%,干重基础）通过增强堆肥过程中优势细菌活性与 HM 组分之间的相关性,显著降低了 HM 生物利用度[160]。在这方面,由于加速 OM 腐殖化和改变化学参数,堆肥成品倾向于 Cu、Zn 的活跃态（可交换态和可还原态）转化为稳定态（可氧化态和残渣态）,从而降低了 Cu、Zn 的植物毒性。这种钝化效应可能与 HA 的螯合作用、碱性条件下金属沉淀、微生物吸附和氧化等有关[161]。而堆肥效应随着不同堆肥基质和 CSBC 添加比例的不同有所差异,因此,不同比例的 BC 对 Cu 和 Zn 的钝化作用不同,且对高浓度 BC（>10%）的钝化作用尚缺乏研究。

3.3.1 材料与方法

3.3.1.1 试验材料

供试样品取自本文 3.1 PM 添加 CSBC 堆肥 5 个处理组各个时期的堆肥风干样品。

3.3.1.2 分析方法

（1）Cu、Zn 总量

取 0.50 g 风干研磨样品,加入 2 mL HNO_3 浸泡 12 h 后加入 2 mL H_2O_2,用控温消煮炉在 120℃ 以内消煮样品,直至消煮管中的液体清亮后取下冷却至室温,冷却后加入 1 mL H_2O_2 继续消煮,待管中液体清亮时冷却至室温,将剩下液体用去离子水定容至 50 mL,混匀后过 0.45 μm 滤膜,使用火焰原子吸收仪测定 Cu、Zn 总含量。

（2）Cu、Zn 标准溶液

Cu 标准溶液 $[\rho_{(N)} = 1\ 000\ \mu g/mL]$：3.9281g $CuSO_4$ 溶于 200 mL 去离子水中,滴入 4~5 滴浓硫酸,定容 1 L。此溶液 1mL 含

有 1mg 的 Cu（0.015 mol/L $CuSO_4$ 溶液）。

Zn 标准溶液 [$\rho_{(N)}$＝1 000 μg/mL]：0.3g ZnO 于 30mL 烧杯溶于 200 mL 去离子水中，滴入 6 mol/L HCl 至全部溶解（为 5~10 mL），定容 1 L。此溶液 1mL 含有 1mg 的 Zn。

（3）Cu、Zn 各形态

Cu、Zn 各形态采用改进版 BCR 法测定[162]。

可交换态：取 0.50 g 样品，加入 20 mL 0.11 mol/L CH_3COOH，（22±5）℃振荡 16 h，5 000 r/min 离心 20 min，取上清液过 0.45 μm 滤膜，并使用火焰原子吸收仪测定含量；

可还原态：用步骤 1 中的残余物重新悬浮，加入 20 mL 0.5 mol/L $NH_2OH \cdot HCL$，用浓硝酸调节至 pH 值为 1.5，持续震荡 16 h，5 000 r/min 离心 20 min，取上清液过 0.45 μm 滤膜，火焰原子吸收仪测定含量；

可氧化态：取步骤 2 的残留物，加入 5 mL 8 mol/L H_2O_2，并分两次加入，接下来恒温水浴锅加热至（85±2）℃直至干燥，然后用 20 mL 1.0 mol/L NH_4OAC（通过加入浓硝酸调节至 pH 值为 2），持续振荡 16 h，5 000 r/min 离心 20 min，取上清液过 0.45 μm 滤膜，火焰原子吸收仪测定含量；

残渣态：取步骤 3 的残留物用 HNO_3：HCl：HF：$HClO_4$＝15：5：5：3（体积比）消解，持续振荡 16 h，5 000 r/min 离心 20 min，取上清液过 0.45 μm 滤膜，火焰原子吸收仪测定含量。

实验中所有的仪器和试剂见表 3-6、表 3-7。

表 3-6 实验仪器

仪器名称	型号	生产厂家
高速离心机	CT1141	上海天美生化仪器设备工程有限公司
回旋式振荡器	HY-5	金坛区西城新瑞仪器厂
磁力加热搅拌器	HJ-2	上海梅香仪器有限公司
回旋式振荡器	HY-5	金坛区西城新瑞仪器厂
火焰原子吸收仪	WFX-120	北京北分瑞利分析仪器有限责任公司

表 3-7 实验试剂

试剂名称	级别	生产厂家
浓硝酸	分析纯	国药集团化学试剂有限公司
过氧化氢	分析纯	国药集团化学试剂有限公司
硫酸铜	分析纯	天津市大茂试剂厂化学
氧化锌	分析纯	天津市大茂试剂厂化学
醋酸	分析纯	国药集团化学试剂有限公司
盐酸羟胺	分析纯	天津市大茂试剂厂化学
盐酸	分析纯	国药集团化学试剂有限公司
氢氟酸	分析纯	天津市大茂试剂厂化学
高氯酸	分析纯	国药集团化学试剂有限公司

3.3.1.3　数据处理

数据处理均采用 Excel 2020、SPSS 26 和 Origin 2021 软件实现。

3.3.2　Cu、Zn 总量

不同处理组的 Cu 含量如图 3-14a 所示，CK 组的 Cu 含量较堆肥前增加了 17.02%，而添加 CSBC 处理组增幅分别为 T1 组 10.09%、T2 组 10.66%、T3 组 4.48% 和 T4 组 7.76%，说明 CSBC 能够有效限制 Cu 离子的析出。T3 组中 Cu 总量波动最小，说明添加 15% CSBC 是针对 Cu 离子浓缩最佳浓度。堆肥后 CSBC 组的 Zn 总量高于堆肥前

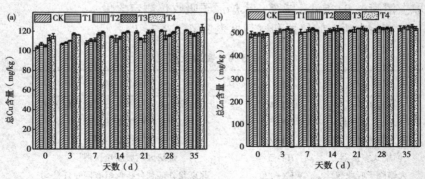

图 3-14　堆肥过程中 Cu、Zn 总量的变化

总量（T1 组：5.70%、T2 组：5.65%、T3 组：6.73%、T4 组：4.83%）（图3-14b），相比于 CK 组波动较小（CK 组3.10%），说明 CSBC 添加量对抑制 Zn 总量的浓缩并不明显，主要依靠对 Zn 的形态转化来降低 Zn 的流动性。

3.3.3　Cu、Zn 各形态含量变化特征

图 3-15 显示了 Cu、Zn 的不同形态，包括可交换态（Exchange state）、可还原态（Reduction state）、可氧化态（Dxidation state）和残留态（Residual state）含量。BC-Cu 和 BC-Zn 含量（可交换态+可还原态）分别占总量的 63.33% 和 62.42%，说明原料中 Cu、Zn 的毒性很高。所有处理组的 BS 嗜热阶段迅速下降（12.57%~22.06%），腐熟期逐渐稳定，表明 Cu、Zn 的生物有效性和流动性降低主要发生在嗜热期，是因为嗜热菌促进不稳定的 OM 向稳定的大分子 HA 的转化从而更容易络合固定 Cu、Zn。如图 3-15a 所示，35 d 后 CSBC 处理组可交换态 Cu（Exc-Cu）含量下降的波动范围在 11.57%~16.00%，而对照组 CK 仅仅 3.60%。可还原态 Cu（Red-Cu）含量下降的波动范围在 8.98%~11.60%，对照组 CK 仅为 4.73%。其中，T3 组的 Exc-Cu 含量降低了 16.00%。T1 组的 Red-Cu 含量降低了 11.60%，其次是 T3 组 Red-Cu 含量降低了 10.61%。CSBC 处理组的可氧化态 Cu（Oxi-Cu）增加率波动在 13.09%~19.49%，是 CK 组增长率（3.99%）的 3.28-4.88 倍。残留态 Cu（Res-Cu）增加率波动在 4.34%~9.89%。T2 组对 Oxi-Cu 的转化最有利，为 19.49%，其次是 T3 组，为 16.71%，T3 组对 Res-Cu 的转化最有利，为 9.89%。此外，Oxi-Cu 从 26.47% 增加至 50.05%，Res-Cu 从 11.45% 增加至 24.80%。综合 Cu 的各形态转化数据可得 T3 组的钝化效果更加明显，15% CSBC 促进 Cu 从可交换态和可还原态向可氧化态和残留态的转化，归因于 T3 组的芳香大分子高输出量和多孔结构更适合 Cu 的络合行为。与 Cu 相比，Zn 的质量分数大，化学性质更活跃，以致原料中可交换态 Zn（Exc-Zn）和可还原态 Zn（Red-Zn）的相对含量比重偏大，分别占总量的 44.09% 和 28.44%（图 3-15b）。Zn 含量的波

动是由于原料的中性环境导致 Zn 键的解离，从而增加了潜在流动性的波动。CSBC 处理组 Exc-Zn 含量降低范围在 8.68%~17.40%，是对照组 CK 下降率（3.13%）的 2.77~5.56 倍。各处理组 Red-Zn 含量下降范围在 0.04%~4.57%，CSBC 对 Zn 的钝化以 T2 组（添加 10% CSBC）的影响最大，分别下降 17.40% 和 4.57%，表明添加 10% CSBC 对 Zn 的钝化最为明显。各处理组可氧化态锌（Oxi-Zn）含量增加率波动在 2.33%~16.00%，各处理组残留态锌（Res-Zn）含量增加率波动在 3.09%~5.97%。综合 Zn 的各形态数据发现 T2 组（添加 10% CSBC）对 Oxi-Zn 和 Res-Zn 转化最有利分别为 16.00% 和 5.97%。表明 T2 组更有利于促进 Zn 从可交换态向可氧化态的转化。添加 10% CSBC 在提高 pH 时的碱性特性有利于 Zn 从高流动性可交换态向低流动性可还原态和稳定性可氧化态转化。CSBC 对 Cu 和 Zn 钝化效果区别在于 Cu 的钝化主要体现在 Exc-Cu 和 Red-Cu 向 Oxi-Cu 的转化，而 Zn 钝化则受 Exc-Zn 向 Oxi-Zn 的转化影响。

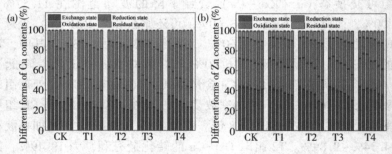

图 3-15　堆肥过程中 Cu、Zn 各形态含量变化

3.3.4　腐殖酸组分与 Cu、Zn 的相关性分析

筛选 HA 的红外光谱（FTIR）特征波段 3 400 cm^{-1}、2 930 cm^{-1}、1 721 cm^{-1}、1 650 cm^{-1}、1 406 cm^{-1} 和 1 020 cm^{-1} 处的信号值，这些信号是由酚羟基、脂肪族碳、羧酸碳、芳香族碳、酰胺和苯酚碳分子的振动引起[163]。2 930 cm^{-1}、1 650 cm^{-1}、1 406 cm^{-1} 和 1 020 cm^{-1} 信号之间的比值（1 650/2 930、1 650/1 406 和 1 650/1 020）可以反映

堆肥过程中大分子芳香族化合物含量、脂肪族化合物含量和多糖类物质的变化[164]。HA 含量、Cu 和 Zn 各形态含量的不同特征参数之间的相关分析显示存在相关性和显著性作用。如图 3-16 所示，1 650/2 930 和 Exc-Cu 在T1 组时与 CSBC 浓度的增加有关联，这种关联在 T2 组得到加强，在 T3 组观察到显著正相关（$P<0.001$）。这一结果表明，Exc-Cu 的失活与 CSBC 促进芳香族不饱和 C＝C 骨架的形成有关，这可能是 T3 组加速形成叠层聚合物或脂肪族降解的结果[165]。在 T1 组中，1 650/2 930 与 Red-Cu 显示出显著正相关（$P<0.01$）（图 3-16b）。这一结果表明，CSBC 对脂肪族化合物的降解过程抑制了 Red-Cu 的生物活性，而添加其他浓度的 CSBC 与脂肪族化合物的降解过程没有显著关系。在 T3 组中，Oxi-Cu 与 1 436 cm^{-1}、1 721 cm^{-1}、2 930 cm^{-1} 和 3 400 cm^{-1} 显示出极显著正相关（$P<0.001$）（图 3-16d），反映出脂肪族 C—H 键、羧酸—COOH 键、木质素碳水化合物 C＝O 键和—OH 键都影响 Oxi-Cu 的转化过程。说明 T3 组含有更多适合 Oxi-Cu 络合的基团—OH 和—COOH 电子供体，更容易与 Cu 配合。如图 3-16e 所示，T4 组削弱了 Oxi-Cu 上的羧酸—COOH 和—OH 的键合，说明 20% CSBC 对 Cu 的结合能力较 10%~15% CSBC 有所下降。脂肪族化合物的络合位点较少，而苯环化合物有更多的脂肪族取代基，间接促进 Cu 的络合，HA 上的电子供体成键主要是—OH、—NH₂ 等[166]，CSBC 的加入会导致这些取代基被吸电子基团（—COOH，—C＝O）吸引，15% CSBC 浓度为取代上限。此外，CK 的 HA 官能团给电子取代基主要为—OH、—NH₂ 等，CSBC 的添加会导致这些取代基被吸电子基团（—COOH、—C＝O 等）取代，而给电子基团上含有大量的孤对电子，与受体基团相比更容易与 Zn 络合。T2 组中的 Oxi-Cu 与 1 650/1 112 显著正相关（$P<0.01$），表明 CSBC 促进稳定态 Zn 的转化。这一结果可能是 10% CSBC 促进更多多糖的持续分解，从而促进了堆肥的进一步稳定，为 Zn 离子的配位反应提供更多结合点。综上所述，HA 与 Cu 的络合反应促进了 Exc-Cu 和 Red-Cu 向 Oxi-Cu 的转化，从而降低了 Cu 的生物利用率，Zn 和 HA 之间的关系比较弱，

主要为 Exc-Zn 向 Red-Zn 的转化，且 Zn 的形态变化主要是由于氧化还原环境促进。

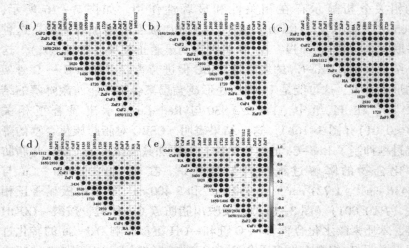

图 3-16　HA 红外特征官能团与 Cu、Zn 各形态含量相关性

3.3.5　小结

（1）CSBC 处理组堆肥后 Cu、Zn 总量高于堆肥前，堆肥前 Cu 在 10.92 ~ 16.41%，Zn 在 4.83 ~ 6.73%，CK 组波动较小，Cu 为 2.65%，Zn 为 3.10%，CSBC 对 Cu 总量的影响强于对 Zn 总量的影响，且 CSBC 通过延长堆肥嗜热温度和时间来使 Cu 和 Zn 离子流动性增强，从而导致浓缩效应。

（2）Exc - Cu 下降率表现为 T3 组（16.00%）> T2 组（14.59%）> T1 组（12.13%）> T4 组（11.57%）> CK 组（3.60%），Red-Cu 的下降率表现为 T1 组（11.60%）> T3 组（10.61%）> T2 组（9.23%）> T4 组（8.98%）> CK 组（4.73%），T3 组处理 Oxi-Cu 从 26.47% 增加到 50.05%，Res-Cu 从 11.45% 增加到 24.80%。即 T3 组（添加 15% CSBC）对 Cu 的钝化效果最明显，此外，添加 15% CSBC 促进了 Cu 从可交换态和可还原态向可氧化态和残留态的转化。

（3）Exc - Zn 下降率表现为 T2 组（16.00%）> T3 组（14.59%）> T4 组（12.13%）> T1 组（11.57%）> CK 组（3.60%），Red-Zn 的下降率表现为 T1 组（11.60%）> T3 组（10.61%）> T2 组（9.23%）> T4 组（8.98%）> CK 组（4.73%），即 T2 组（添加 10% CSBC）对 Zn 的钝化效果最明显，添加 10% CSBC 在提高 pH 时的碱性特性有利于 Zn 从具有高流动性的可交换态向具有稳定形式的可氧化态转化，且添加 10% CSBC 有利于促进 Zn 从可交换态向可氧化态的转化。

3.4　堆肥微生物响应特性研究

研究证实，PM 添加 CSBC 好氧堆肥是具有成本效益高回报的有机资源回收技术，而微生物对 OM 转化率起着至关重要的作用，但微生物本体也有多种机制来抵抗外部应激因素（比如高温、碱性环境和 HM 毒害）[167]。在这过程中也存在一些局限性，如在外部胁迫下由无抗性微生物转变为抗性微生物，这不仅控制堆肥过程中微生物群落和多样性的变化，而且优化了微生物代谢活动和功能。许多研究人员证明了有机添加剂 CSBC 对 PM 堆肥的修正，不仅有助于减少 HM 的流动性，而且通过 CSBC 集成微生物联盟来减轻污染水平丰富了优势微生物的种群丰度。另外，CSBC 应用可以通过为微生物生长及其酶活性提供最佳理化条件来提高堆肥效率，主要包括物理吸附、离子交换、静电吸引、沉淀以及 HM 与 CSBC 表面活性的络合作用[168]。Dias 等[169]和 Oviedo 等[170]提出作为潜在的 Cu 和 Zn 宿主细胞，厚壁杆菌（*Firmicutes*）具有选择优势，它们至少携带一个用于吞噬自由 HM 的目标细胞。Jain 等[171]研究了 CSBC 对 Cu 和 Zn 对优势宿主微生物的依赖性的效果，发现微生物的作用是 Cu 和 Zn 钝化的主要因素。Zhang 等[172]报道，6% CSBC 是对抗 HM 微生物增殖最有益的添加量。Gholami 等[173]发现 BC 通过诱导细菌增加细胞代谢活性增加群落多样性。Zhou 等[174]发现 Cu 和 Zn 通过 BC 的调控作用对微生物群落施加持续的选择压力，增加优势细菌种群的代谢，决定堆肥产品的质量。因此，需要进一步了解在 CSBC 影响下 PM 堆肥过程中的微生物转化种群演化过程及其对环境应激因素胁迫的响应。

3.4.1 材料与方法

3.4.1.1 试验材料

供试样品取自本文第 2 章 PM 添加 CSBC 堆肥 5 个处理组各个时期的堆肥风干样品。

3.4.1.2 分析方法

采用 CTAB 对每个处理组的冷冻堆肥样本的基因组 DNA 进行提取及分离，1%琼脂糖凝胶电泳检测条件下进行 DNA 试剂盒（Qiagen 公司，Qiagen 胶回收试剂盒）产物纯化。文库构建使用 TruSeq ©DNA PCR - Free Sample Preparation Kit 建库试剂盒（Illumina，USA）进行，构建好的文库经过 Qubit 定量和文库检测合格后，使用 NovaSeq 6000 PE250 进行上机测序。在深圳微科盟科技集团有限公司的生科云生物信息分析平台上对 PCR 产物进行高通量测序。DNA 的提取顺序按照微科盟科技提供的说明进行。

3.4.1.3 数据处理

所有处理数据首先在 Excel 2020 中整理，然后在 SPSS 26 进行分析，Origin 2021 及 Hiplot 平台绘图，采用网络分析进行相关性分析。分组聚类热图使用 Wekemo Bioincloud 平台完成（https://www.bioincloud.tech）。结构方程模型（SEM）使用 AMOS 20.0 软件（IBM 公司软件集团，Somers，NY）通过最大似然评价程序进行，用高拟合指数（GFI>0.91）和近似均方根误差（RMSEA<0.05）来解释模型的良好拟合。通过冗余分析（RDA）对环境因素与优势细菌种群进行回归分析结合主成分分析的排序。

3.4.2 OTU 分类

如图 3-17 所示描述了 OTU 花瓣图。外层花瓣的圆圈值为每个样本中它们的 OTU 数量，核心圆圈为常见 OTU 数量。每一片花瓣代表一种处理，不同的颜色代表不同的处理。重叠部分属于两三个样品的共同所有权。在花瓣周围，唯一 OTU 的数量分别为 1 324、1 375、1 655、1 988 和 1 449，分别代表 CK 组、T1 组、T2 组、T3 组、T4 组。在整个样本中，核心中相同部分的 OTU 数量为 311。我们观察到 CK 组在 1 324 处拥有最少的 OTU 数，而 T3 组在 1 988 处拥有最多的 OTU 数，说明添加 15% CSBC 最有益于堆肥微生物种群繁殖。所有堆肥共享的 OTU 为 311，OTU 证明 CSBC 处理有利于堆肥细菌生长，但丰度呈现先增加后降低的趋势。就微生物丰度角度而言，T3 组处理丰度呈最优。综上所述，PM 堆肥添加 CSBC 处理的多样性显著高于单一添加处理，这可能与 CSBC 对 HM 的吸附络合作用有关[175]，由于高 HM 含量对微生物和酶的作用有限制作用，过多的 HM 会抑制复杂有机物的微生物分解。因此，在堆肥中可添加 CSBC 通过改变环境条件来显著促进细菌多样性。

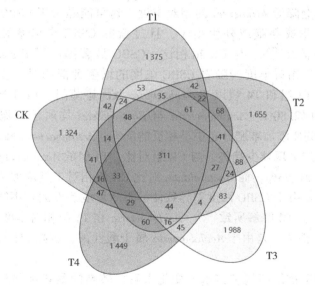

图 3-17　OTU 花瓣图

3.4.3　微生物群落多样性

通过对 5 个处理的高通量测序了解 PM 添加 CSBC 堆肥过程中细

菌群落的变化，从门到种水平共鉴定出前 10 种优势细菌群落，主要对其中前 5 名优势门进行分析，主要包括厚壁菌门 *Frimicutes*（丰度在 19.07% ~ 42.44%）、变形菌门 *Proteobacteria*（丰度在 24.87% ~ 42.81%）、放线菌门 *Actinobacteria*（丰度在 2.52% ~ 13.30%）、拟杆菌门 *Bacteroidetes*（丰度在 11.27% ~ 33.57%）和酸杆菌门 *Acidobacteria*（丰度在 0.20% ~ 4.83%），在堆肥中普遍存在且含量丰富，占总体丰度的 94% 以上，最高达到 98.16%（T4 组）。T1 组和 T2 组微生物种群丰度均以 *Frimicutes* 为主导群落，相对丰度分别 36.08% 和 35.62%，对比 CK 组（42.44%）下降 6.35% 和 6.81%，随着 CSBC 浓度递加，*Frimicutes* 的相对丰度剧烈下降，T3 组和 T4 组对比 CK 组减少 23.51% 和 23.67%，表明 CSBC 对 *Frimicutes* 相对丰度 T1 组和 T2 组有相似的趋势，T3 组和 T4 组表现为相似的趋势，且 CSBC 浓度超过 10% 会降低 *Frimicutes* 的相对丰度。这可能是由于 CSBC 抑制了 *Frimicutes* 形成芽胞或外生孢子，且过量的 CSBC 会堵塞孔隙影响 *Frimicutes* 活性[176]。与 CK 组相比，CSBC 显著提高了 *Proteobacteria* 的丰度，其相对丰度会随着 CSBC 浓度的增多种群相对丰度不断加强，最终 T3 组和 T4 组以 *Proteobacteria* 为优势菌门，相对丰度达到 35.49% 和 42.80%。*Actinobacteria* 与 *Bacteroidetes* 均属于高温敏感菌门，在 CSBC 添加堆肥分布中呈相反的动态，*Actinobacteria* 随着 CSBC 浓度的增加呈现减少趋势，与 CK 组对比，T4 组的 *Actinobacteria* 相对丰度降低 81.05%，而 *Bacteroidetes* 对比 CK 组相对丰度增加了 2 倍左右，可能是由于 CSBC 浓度差异致使堆肥微环境条件适宜不同菌门微生物代谢与 OM 降解所致[177]。*Acidobacteria* 在 T1 组相对丰度较丰富，T2 组几乎消失，是由于 *Acidobacteria* 属于酸性菌，过高 pH 抑制了其种群活性。

从微生物细菌属整体水平变化来看，较高的耐热性和降解能力导致 *Frimicutes* 成为 PM 堆肥过程中最主要菌门（图 3-18e），已鉴定 CSBC 对 *Frimicutes* 优势属的影响来自梭菌科的芽胞杆菌（*Bacilli*）、梭状芽胞杆菌（*Clostridiaceae - Clostridium*）、SMB53、*Fastidisilila*、*Jeotgalibaca*、肠球菌（*Enterococcus*）、*Romboutsia*、肠杆

菌（*Intestinibacter*）、*Terrisporobacter*、氢孢菌属（*Hydrogenispora*）、乳杆菌（*Lactobacillus*）、*Jeotgalicoccus*、土杆菌（*Turicibacter*）和链球菌（*Streptococcus*），其中梭状芽胞杆菌（*Clostridiaceae-Clostridium*）数量最多，且 *Frimicutes* 产生的孢状菌属对堆肥木质纤维素和木质素降解起促进作用。而 T1 组和 T2 组中梭状芽胞杆菌（*Clostridiaceae-Clostridium*）相对丰度无明显变化，T3 组和 T4 组的梭状芽胞杆菌（*Clostridiaceae-Clostridium*）相对丰度下降 4.78%，说明其代谢活性受到 CSBC 增强的抑制。对比 CK 组（7.46%），*SMB*53 菌属在 T3 组和 T4 组中相对丰度分别下降了 3.46%~3.76%，对 CSBC 浓度也呈现相似分布。土杆菌（*Turicibacter*）群落的相对丰度与梭状芽胞杆菌（*Clostridiaceae-Clostridium*）呈现相同趋势，与 CK 组（3.48%）相比，T1 组和 T2 组丰度均小幅变化（0.61%~1.21%），T3 组和 T4 组变化明显，对比 CK 组下降 2.94%。而链球菌（*Streptococcus*）在 T2 组丰度变化明显，为 1.22%，其后处理组无变化。说明添加 CSBC 对 *Frimicutes* 优势属的响应呈现区域分化影响，表现为 T1 组和 T2 组菌属分布相似，T3 组和 T4 组菌属分布相似。*Proteobacteria* 的丰度主要由藤黄色单胞菌（*Luteimonas*）、纤维弧菌（*Cellvibrio*）、*Acinetobacter*、*Pseudomonas*、*Novosphingobium*、*Altererythrobacter*、*Steroidobacter*、*Parribaculum* 等组成，藤黄色单胞菌（*Luteimonas*）在 T4 组中相对丰度最高（7.91%），在 T1 组最小（1.93%），藤黄色单胞菌（*Luteimonas*）能够促进堆体碳素循环[178]，其次是纤维弧菌（*Cellvibrio*）在 T2 组和 T4 组的丰度含量最高（6.31% 和 5.97%），而在 CK 组中含量最低（1.76%），纤维弧菌（*Cellvibrio*）属性耐碱不耐酸，说明 10% CSBC 的高 pH 环境促进了纤维弧菌（*Cellvibrio*）分解 OM 的作用。*Pseudomonas* 和 *Acinetobacter* 作为反硝化细菌能起到固氮作用。表明在 5% 和 10% CSBC 的堆肥微环境中微生物驱动的细菌群落分布相似且均匀，这与 CSBC 的高孔隙率、比表面积、pH 和微生物的选择性富集有关。同时，CSBC 还降低了对 Cu、Zn 敏感的细菌的多样性。另外，放线菌门（*Actinobacteria*）主要优势菌属分布为棒状杆菌（*Corynebacterium*）、*Actinomadura*、*Cellulosimicrobi-*

um、*Tessaracoccus*、*Trueperella* 和 *Huakuicheria*，棒状杆菌（*Coryne-bacterium*）对堆肥的氮素循环有促进作用，*Actinomadura* 和 *Cellulo-simicrobium* 等噬碱菌能够广泛降解纤维素，促进 OM 转化，随 CSBC 浓度升高而降低的现象可能是微生物在分解代谢时堆体环境条件不适宜所致。从属水平的微生物丰度分布来看，添加外源 CSBC 各处理均表现出不同的细菌群落，通过调节堆肥微环境参数与潜在寄主细菌之间的相互作用影响优势抗性细菌群落分布，表明 CSBC 对与加速有机物降解相关的微生物多样性和代谢有积极的影响，特别是高浓度（15% 和 20%）CSBC 堆肥。

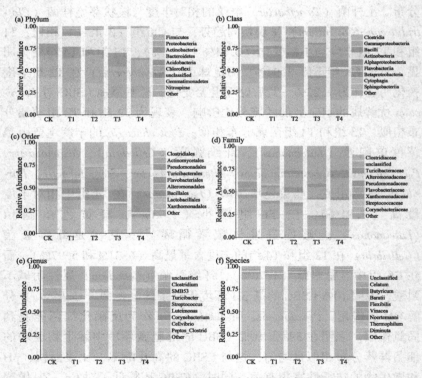

图 3-18　优势细菌群落相对丰度分布直方图

3.4.4 微生物与 Cu、Zn 的网络分析

不同 CSBC 添加量对堆肥微环境中的细菌分布产生了显著影响。通过网络分析，确定了主要细菌属与不同形式的 Cu 和 Zn 的共同出现模式。如图 3-19 所示，Exc-Cu、Red-Cu、Oxi-Cu、Res-Cu、Exc-Zn、Red-Zn、Oxi-Zn 和 Res-Zn 与优势菌属有明显的相关性。该网络由 58 个节点组成，包括 4 种形式的 Cu 和 Zn，50 个细菌属节点，以及 292~417 条边。总的来说，在所有处理组中，与四种形式的 Cu 相关的节点比与 Zn 相关的节点多，表明与 Cu 相关的细菌更多，并揭示了与 Zn 相比，Cu 的钝化效果更好。在堆肥过程中，CSBC 的加入明显增加了 4 种形式的 Cu 和 Zn 与细菌的相关性。在 HS 生产过程中，优势细菌是驱动 Cu 和 Zn 钝化的主要载体。在 CK 组中，梭菌和腐生菌与 Exc-Cu 和 Exc-Zn 呈正相关（$P < 0.05$）。在 T1 组和 T2 组的情况下，这种关联性得到加强，并扩大了 *Firmicutes*（*Turicibacter*、*Jeotgalibaca*、*Terrisporobacter*、*Lachnospiraceae* 和 *Bacilli*）的属群。然而，这种增强在 T3 组和 T4 组中消失了。这些结果表明，添加 CSBC 后，腐生菌对游离的 Cu 和 Zn 的钝化作用受到了抑制。微生物群落的聚集在 T1 组中有所不同，削弱了 *Georgenia* 对 Exc-Cu 失活的贡献。细菌群落在聚集时可以作为 HM 的潜在宿主。蛋白细菌在碱性环境（pH >8）中具有生存优势，*Luteimonas* 和 *Cellvibrio* 是 Cu 和 Zn 的潜在宿主。在 CK 组中，来自蛋白细菌门的细菌属（如 *Luteimonas*、*Altererythrobacter*、*Steroidobacter*）被边缘化，仅参与 Exc-Cu 的钝化作用。然而，在 T3 组中，聚类信息得到增强，来自 *Proteobacteria* 的 *Luteimonas*、*Altererythrobacter*、*Steroidobacter*、*Atinotalea*、*Cellvibrio*、*Acinetobacter* 和 *Parribaculum* 分别与 Exc-Cu、Oxi-Cu、Res-Cu 和 Exc-Zn 显著相关，且与 Zn 钝化过程相关的 *Proteobacteria* 种类占 28.20%，表明高浓度 CSBC 对 *Proteobacteria* 对堆肥过程中 Zn 钝化产生正向影响。这些结果表明，添加 15% CSBC 促进了 *Proteobacteria* 的细菌聚集丰度，增强了对 Cu 离子的包容。在 T4 组中，只有 *Luteimonas* 和 *Cellvibrio* 与 Exc-Cu 和 Oxi-Cu 相关，表明过

量 CSBC 阻碍了蛋白细菌的选择，削弱了蛋白细菌对 Cu 失活的贡献，而 CSBC 添加量对 Zn 命运的影响与潜在宿主细菌级的综合影响有关。在 CK 组中，与 Zn 有关的菌属有 *Stretococcus*、*SMB-53* 和 *Clostridium*，菌门主要是 *Firmicutes* 和 *Actinobacteriota*。细菌的作用与 Red-Zn 的抑制作用呈负相关。随着 CSBC 浓度的增加，T1 的正相关的菌门（Proteobacteria）增加，菌属包括 *Clostridium*、*Solibacillus*、*Stretococcus*、*Luteimonas*、*SMB-53*、*Turicibacter* 和 *Acinetobacter*。对 Red-Zn 的抑制作用被改变为正相关的促进作用。菌属的聚类信息在 T2 中得到加强，这表明宿主细菌对 BC-Zn 的钝化作用得到了加强。这种关联在 T3 和 T4 中被削弱，表明添加了 10% CSBC 的细菌群落对 BC-Zn 的钝化作用更有效。此外，同一菌属具有多种功能，堆肥中适当的 CSBC 浓度可以改善微生物群落关系和 Cu、Zn 的钝化途径。不同 CSBC 浓度直接导致了堆肥环境中优势微生物群落的转变，微生物种群丰度的改变必然引起 HM 目标基因的优势选择。因此，本研究支持外源性添加 CSBC 对 Cu、Zn 功能菌有显著改变。

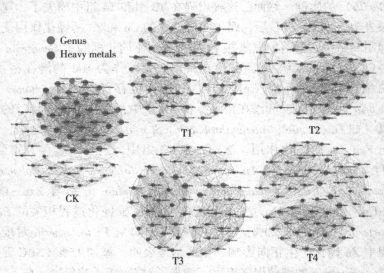

图 3-19　优势细菌属与 Cu、Zn 四种形态的网络分析

3.4.5　结构方程模型分析

　　SEM 是一种多因素多变量的统计分析方法，用于识别多个变量的相互作用。SEM 被用来分析每个处理组中不同环境因素的直接和间接影响，并确定 Cu 和 Zn 的生物利用率降低的驱动因素（图 3-20）。在 CK 组中，温度对 HA 和 BC-Zn 有直接的积极影响（$\lambda = 0.48$，$P<0.05$；$\lambda = 0.80$，$P<0.05$）（图 3-20a），在 T1 组和 T3 组中，这种关联得到加强（$\lambda = 0.73$，$P<0.05$；$\lambda = 0.90$，$P<0.01$ 和 $\lambda = 0.83$，$P<0.01$；$\lambda = 0.96$，$P<0.001$）（图 3-20b, d）。结果表明，连续高温对 BC-Zn 产生了抑制作用，从而降低了 Zn 的生物有效性，同时促进了堆肥中 HA 的产生，微生物群落结构受 pH 调节，碱性环境更有利于微生物作用以消除 Zn 离子毒性。如图 5-4c 和图 5-4d 所示，pH 与 BC-Zn 和微生物群落显著相关（$\lambda = -0.83$，$P<0.01$；$\lambda = -0.74$，$P<0.01$ 和 $\lambda = -0.68$，$P<0.05$；$\lambda = 0.81$，$P<0.05$），表明在 8.0 和 8.5 范围内，pH 有利于 HM 的钝化和堆肥微环境的微生物活性。在 T2 组中，HA 对 BC-Zn 负相关（$\lambda = -0.88$，$P<0.01$），微生物对 BC-Zn 有直接的正相关作用（$\lambda = 0.91$，$P<0.001$）。在 T3 组中，HA 和微生物群落对 BC-Cu 表现出直接的积极影响（$\lambda = 0.86$，$P<0.01$；$\lambda = 0.84$，$P<0.01$），表明 15% CSBC 增强了 HA 和 Cu 钝化部分的优势细菌的效果。在 T4 组（图 3-20e）中，微生物群落对 Cu 和 Zn 钝化的总效应有负面影响（$\lambda = -0.31$，$P<0.001$；$\lambda = -0.22$，$P<0.01$），是由于 20% CSBC 导致堆肥微环境过度拥挤，并导致微生物的胞外吞噬作用变得不稳定。15% CSBC 优化了堆肥中的优势细菌种群，这又促进了 HA 化合物的降解，从而对 HM 的钝化产生了积极影响，且微生物的钝化作用比 HA 官能团协调的 Zn 钝化作用要强。CSBC 没有增强或减弱 HA 对 Zn 的亲和力，因为优势微生物对 HA 表现出强烈的负作用（$\lambda = -0.97$，$P<0.001$）。结果表明，最佳 CSBC 通过调整温度和堆肥基质的 pH 优化了优势微生物种群，从而降低了 HM 的生物利用率。此外，Cu 和 Zn 钝化的差异反映在微生物群落丰度优化上。

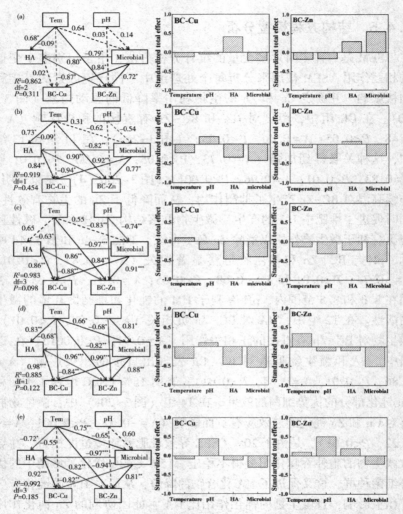

图 3-20 影响 Cu 和 Zn 钝化的潜在因素的结构方程模型（SEM）

注：箭头表示因果关系，黑线表示积极的影响，红线表示消极的影响。实心箭头和虚线箭头分别表示显著的关系和不显著的关系。箭头附近的数字是路径系数。各变量解释的方差比例用 R^2 值表示，模型自由度用 df 表示，P 表示原始假设的拟合程度。显著性水平：* $P<0.05$，** $P<0.01$，*** $P<0.001$。

3.4.6 冗余分析

冗余分析（RDA）筛选指标和相关分析以确保解释有效。堆肥过程的 OM 演化是多种因素共同作用的结果，包括理化性质（温度、DOC、HA），UV-Vis 腐殖化指标（$SUVA_{254}$、$SUVA_{280}$、$A_{226-400}$），EEM 荧光积分值（FC-Ⅰ~Ⅴ）和优势细菌群落，两个坐标轴上解释拟合变异的总比例在 $95.86\% \sim 98.99\%$。主要环境参数横轴特征值为 56.52%，纵轴 26.42%，圆圈符号表示堆肥的组别和天数，其距离反映了样品相似度和某些因素的相关性。如图 3-21 所示，影响 *Firmicutes* 活性的主要因素是温度和 DOC，其解释能力分别为 6.2%、4.7% 和 10.9%，且 *Firmicutes* 为堆体初始状态（T1-0、T2-0、T3-0 和 T4-0）的主导群落，与芳香烃类蛋白质物质含量显著相关（$P < 0.001$），说明堆肥前期 CSBC 通过提高温度和降解 DOC 促进 *Firmicutes* 对芳香烃类蛋白质物质的分解作用。随着堆肥时间延长，嗜热期与 *Firmicutes*、*Proteobacteria* 和 *Bacteroidetes* 的活性显著相关（$P < 0.01$），主要由芳香烃类蛋白质物质、类 FA 物质和 DOC 的降解产物提供营养物质和能量。堆肥末期，CK 组和 T1 组中 *Actinobacteria*

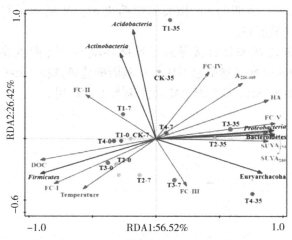

图 3-21 环境因素对优势细菌群落的冗余分析

和 *Acidobacteria* 为主导细菌群落，通过络氨酸和 FA 的降解促进腐殖化。而 T2 组、T3 组和 T4 组则是与 *Proteobacteria* 和 *Bacteroidetes* 显著相关（$P<0.001$），通过促进堆体 HA 的芳香化和大分子的聚合促进腐殖化。因此，不同添加量 CSBC 通过调节温度和 DOC 等微环境因素，进而促使不同细菌群落根据营养物质进行选择和定殖，针对 HA 前体物质定向降解，最终促进堆体腐殖化。

3.4.7　小结

本节通过对堆肥样本的基因组 DNA 的提取，明晰 CSBC 影响下微生物优势群落演化过程以及对 OM 转化率和 HM 钝化率的影响。主要结论如下。

（1）CSBC 浓度超过 10% 会降低 *Frimicutes* 的活性，随着 CSBC 浓度递加，*Frimicutes* 的相对丰度剧烈下降，而 *Proteobacteria* 种群丰度显著上升。另外，堆肥 CSBC 对 *Frimicutes* 的相对丰度在 T1 和 T2 两组有相似的趋势，在 T3 和 T4 两组表现为相似的趋势。

（2）同一菌属具有多种功能，堆肥中适当的 CSBC 浓度可以改善微生物群落关系和 Cu 和 Zn 的钝化途径。但 Cu 相关性节点比与 Zn 相关性节点多，表明与 Cu 相关的细菌更多，并揭示了与 Zn 相比，Cu 的钝化效果更好。

（3）CSBC 的添加直接导致了堆肥环境中优势微生物群落的转变，微生物的改变必然引起 HM 目标基因的优势选择。因此，本研究支持外源添加 CSBC 对堆肥 HM 功能菌有促进作用。

第 4 章

总结与展望

4.1　总结

本文将自制棉秆木醋液、玉米秸秆炭施加到牛粪、猪粪堆肥过程中，研究其促粪污堆肥过程理化特性的影响，利用多光谱联用技术解析腐殖化过程有机物质结构的演变过程，同时探讨其对 Cu、Zn 形态演变及钝化的影响，解析了促腐殖化过程及介导 Cu、Zn 钝化行为驱动因子。主要结论如下。

（1）棉秆木醋液的添加提高了牛粪堆肥过程温度上升速率和高温持续时间，0.65% 处理组效果最为显著，木醋液的添加有利于牛粪堆肥固体产物中有机碳从水溶态向固态的转化，促进堆肥过程中腐殖化的程度。HA/FA 的变化随棉秆木醋液的添加比例的增加而增大，当添加比例为 0.65% 时，变化幅度最大，为 4.69%。棉秆木醋液处理组腐殖化程度更高，有机质组分更加稳定。

（2）牛粪中重金属 Cu 可交换态钝化效果随棉秆木醋液的添加比例的增加而增大，当添加比例为 0.65% 时，对 Cu 钝化效果最好达到 32.28%。添加低比例木醋液对有效态 Zn 钝化效果作用不大，当添加比例达到 0.5% 时起到促进作用，0.65% 添加比例达到最佳，为 26.29%。木醋液的添加促进了水溶态、可交换态、有机络合态重金属向有机结合态、矿物质态和残渣态的转化。堆肥前期腐殖质中绝大部分的 Cu 和 Zn 都主要与 FA 结合，随着堆肥的进行，HA/FA、HA-Cu 和 HA-Zn 都呈现明显增加的趋势，木醋液的添加可以促进堆肥过程中腐殖化的进程和 HA-Cu、HA-Zn 的形成，从而可以增强腐殖质中 Cu、Zn 的稳定性。

（3）基于 UD-PLS 建立木醋液、含水量和 C/N 比条件下的多因素数学模型，重金属 Cu 的钝化预测模型为 $y_{Cu} = 15.4748 + 0.3524x_A - 0.1100x_B + 0.0131x_C$，其中交叉有效性为 $Q_2^2 = -2.0767 < 0.0985$，模型达到精度要求；重金属 Zn 的钝化预测模型为 $y_{Zn} = 34.3512 + 11.0905x_A - 0.2561x_B - 0.0531x_C$，其中交叉有效性为 $Q_2^2 = -3.0863 < 0.0985$，模型达到精度要求。

（4）CSBC 通过介导堆体升温速率、嗜热期天数和堆肥微环境 pH 促进 OM 降解，堆肥前中期 OM 和 DOC 的大量消耗代表堆体内部大量小分子易降解有机物被消耗的主要时期为嗜热阶段（3~14 d）。CSBC 通过吸附游离状离子使可溶性盐离子含量升高，以 15% CSBC 为离子溶出限值。

（5）CSBC 促进芳香烃类蛋白质化合物、脂肪类和多糖物质的降解以及结构复杂、分子量较大的 HS 类物质的形成以促进腐殖化作用。高分子芳香环化合物主要在嗜热期和降温期生成，CSBC 通过促进其端基取代基（羟基、羧基、羰基和酯基）的转化向高分子量 OM 进化，且添加 15% CSBC 表现出芳香产物的最高输出。另外，CSBC 的叠添加量会加强多糖、脂肪族 C-H 和酚羟基的反应强度，但不会改变 OM 转化方向。

（6）添加 15% CSBC 通过促进 Cu 从可交换态和可还原态向可氧化态的转化而具有较高的 Cu 钝化率（63.28%）。添加 10% CSBC 在提高堆体 pH 时的碱性特性有利于 Zn 从具有高流动性的可交换态向具有稳定形式的可氧化态转化从而具有较高 Zn 钝化率（49.44%）。芳香烃类蛋白质与 Frimicutes 主导了 Cu 还原态的形成，Proteobacteria 与 HA 主导了 Cu 氧化态的形成，Actinobacteria 与 HA 主导了 Zn 还原态和氧化态的形成。

（7）CSBC 有利于改变堆肥微环境优势细菌的选择和定殖，同一细菌属具有多种功能，添加 10% CSBC 为 Frimicutes 优势种群临界点，且 5% CSBC 和 10% CSBC 有相似的趋势，添加 15% CSBC 和 20%

CSBC 表现为相似趋势。另外，堆肥中适当的 CSBC 浓度可以改善微生物群落关系和 Cu 和 Zn 的钝化途径，网络分析中 Cu 相关性节点比多于 Zn 相关性节点，表明与 Cu 相关的细菌更多，并揭示了与 Zn 相比，Cu 的钝化效果更好。另外，添加 20% CSBC 导致堆肥微环境过度拥挤，并导致微生物的胞外吞噬作用变得不稳定。

4.2　展望

（1）在棉秆木醋液对堆肥过程中重金属的研究中，本文仅针对了牛粪堆肥过程中重金属 Cu、Zn 的钝化效果及调控机理的研究，后期应加大研究重金属种类及不同区域、种类畜禽粪便的研究。

（2）本文探究棉秆木醋液对牛粪堆肥过程重金属 Cu 和 Zn 的调控机理，研究了棉秆木醋液对重金属 Cu 和 Zn 的总量变化、DTPA 提取态含量变化和数学模型的建立，尚缺乏对模型的一个实践应用，这是今后研究中需要进一步补充的。

（3）本文仅针对不同添加量生物炭对腐殖化及重金属形态的影响进行探讨，后续可对其复合组合展开进一步的研究。

（4）本文对堆肥体系中变价金属元素的钝化效果还未进行过探讨，后续可展开进一步的研究。

参考文献

[1] 中华人民共和国国家统计局.中国统计年鉴［M］.北京：中国统计出版社，2023.

[2] 张书豪，龙东海，张英，等.畜禽粪污无害化处理和资源化利用新技术探讨［J］.农业与技术，2021，41（21）：135-137.

[3] 田慎重，郭洪海，姚利，等.中国种养业废弃物肥料化利用发展分析［J］.农业工程学报，2018，34（S1）：123-131.

[4] 杨红梅.我国畜禽养殖业污染现状及治理对策分析［J］.中国资源综合利用，2018，36（7）：153-156.

[5] 刘玉莹，范静.我国畜禽养殖环境污染现状、成因分析及其防治对策［J］.黑龙江畜牧兽医，2018（8）：19-21.

[6] 孟祥海.中国畜牧业环境污染防治问题研究［D］.武汉：华中农业大学，2014.

[7] 刘涛.黑水虻联合好氧堆肥对畜禽粪便无害化及资源化的研究［D］.咸阳：西北农林科技大学，2022.

[8] Awasthi M K, Duan Y, Awasthi S K, et al. Emerging applications of biochar：Improving pig manure composting and attenuation of heavy metal mobility in mature compost［J］. Hazard Mater, 2020, 389：122116.

[9] 沈伟航，宋亦心，曹俊，等.厨余垃圾、绿化废弃物和茶叶渣中试共堆肥系统效果评估［J］.农业工程学报，

2022, 38 (10): 216-223.

[10] Chen Z, Bao H, Wen Q, et al. Effects of H_3PO_4 modified biochar on heavy metal mobility and resistance genes removal during swine manure composting [J]. Bioresour Technol, 2022, 346: 126632.

[11] Che J, Lin W, Ye J, et al. Insights into compositional changes of dissolved organic matter during a full-scale vermicomposting of cow dung by combined spectroscopic and electrochemical techniques [J]. Bioresour Technol, 2020, 301: 122757.

[12] Ravindran B, Nguyen D D, Chaudhary D K, et al. Influence of biochar on physico-chemical and microbial community during swine manure composting process [J]. Journal of Environmental Management, 2019, 232: 592-599.

[13] Ahmad M, Rajapaksha A U, Lim J E, et al. Biochar as a sorbent for contaminant management in soil and water: a review [J]. Chemosphere, 2014, 99: 19-33.

[14] Zhang Y, Sun Q, Jiang Z, et al. Evaluation of the effects of adding activated carbon at different stages of composting on metal speciation and bacterial community evolution [J]. Sci Total Environ, 2022, 806: 151332.

[15] Zhou Ling, Xue Jiao, Xu Yang, et al. Effect of biochar addition on copper and zinc passivation pathways mediated by humification and microbial community evolution during pig manure composting [J]. Bioresour Technol, 2023, 370: 128575.

[16] Fang M, Wong J W. Effects of lime amendment on availability of heavy metals and maturation in sewage sludge composting [J]. Environ Pollut, 1999, 106: 83-89.

[17] Ren X, Wang Q, Zhang Y, et al. Improvement of humifica-

tion and mechanism of nitrogen transformation during pig ma-
nure composting with Black Tourmaline [J]. Bioresour Tech-
nol, 2020, 307: 123236.

[18] 付涛, 李翔, 上官华媛, 等. 电场促进畜禽粪便好氧堆
肥中 DOM 演化的光谱学研究 [J]. 环境科学学报,
2021, 41 (4): 1465-1477.

[19] Droussi Z, D'Orazio V, Hafidi M, et al. Elemental and
spectroscopic characterization of humic-acid-like compounds
during composting of olive mill by-products [J]. J Hazard
Mater, 2009, 163: 1289-1297.

[20] 蔡琳琳. 园林绿化废弃物蚯蚓堆肥腐熟过程控制及氮转
化机制研究 [D]. 北京: 北京林业大学, 2021.

[21] Baddi G, Hafidi M, Gilard V. Characterization of humic acids
produced during composting of olive mill wastes: elemental
and spectroscopic analyses (FTIR and ^{13}C-NMR) [J].
Agron Sustain Dev, 2003, 23: 661-666.

[22] Du J J, Zhang Y Y, Hu B, et al. Insight into the potentiality
of big biochar particle as an amendment in aerobic composting
of sewage sludge [J]. Bioresour Technol, 2019, 288: 121469.

[23] Hagemann N, Joseph S, Schmidt H P, et al. Organic coating
on biochar explains its nutrient retention and stimulation of soil
fertility [J]. Nat Commun, 2017, 8: 1089.

[24] Hsu J, Lo S. Chemical and spectroscopic analysis of organic
matter transformations during composting of pig manure [J].
Environ Pollut, 1999, 104: 189-196.

[25] Kong Y, Ma R, Li G, et al. Impact of biochar, calcium
magnesium phosphate fertilizer and spent mushroom substrate
on humification and heavy metal passivation during composting
[J]. Sci Total Environ, 2022, 824: 153755.

[26] Zhang Y C, Zhang H Q, Dong X W, et al. Effects of oxidi-

zing environment on digestate humification and identification of substances governing the dissolved organic matter (DOM) transformation process [J]. Front Environ Sci Eng, 2022, 16: 1-13.

[27] 郭冬生，彭小兰，龚群辉，等. 畜禽粪便污染与治理利用方法研究进展 [J]. 浙江农业学报，2012，24（6）: 1164-1170.

[28] 王福山. 畜禽粪肥重金属残留对农产品和土壤环境的影响 [D]. 杭州：浙江大学，2012.

[29] 王晓兵. 畜禽养殖废弃物用于沼气生产的预处理系统研究 [D]. 哈尔滨：东北农业大学，2009.

[30] 董占荣. 猪粪中的重金属对菜园土壤和蔬菜重金属积累的影响 [D]. 杭州：浙江大学，2006.

[31] Hsu, J H, Lo, S L. Effect of composting on characterization and leaching of copper, manganese, and zinc from swine manure [J]. Environmental Pollution, 2001, 114: 119-127.

[32] Bolan N S, Adriano D C. Mahimairaja S. Distribtion and bioavailability of trace elements in livestock and poultry manure by products [J]. Critical Review Environmental Science and Technology, 2004, 34: 291-338.

[33] Milan Ihnat & Leta Fernandes. Trace elemental characterization of composted poultry manure [J]. Bioresource Technology, 1996, 57: 143-156.

[34] 鲍艳宇，娄翼来，颜丽，等. 不同畜禽粪便好氧堆肥过程中重金属 Pb Cd Cu Zn 的变化特征及其影响因素分析 [J]. 农业环境科学学报. 2010, 29（9）: 1820-1826.

[35] 郑国砥，陈同斌，高定，等. 好氧高温堆肥处理对猪粪中重金属形态的影响 [J]. 中国环境科学，2005（1）: 6-9.

[36] 高建程. 牛粪堆肥的腐熟度评价及重金属形态变化研究

[D]. 上海: 上海师范大学, 2008.

[37] Wong J W C, Fang M, Li G X, et al. Feasibility of using coal ash residues as co – composting materials for sewage sludge [J]. Environment Technology, 1997, 18: 563 – 568.

[38] Wong J WC, Selvam A. Speciation of heavy metals during co – composting of sewage sludge with lime [J]. Chemosphere, 2006, 63: 980–986.

[39] Qiao L, Ho G. The effects of clay amendment and composting on metal speciation in digested sludge [J]. Water Researeh, 1997, 31: 951–964.

[40] Fang M, Wong J W C. Effects of lime amendment on availability of heavy metals and maturation in sewage sludge composting [J]. Environment Pollution, 1999, 106: 83–89.

[41] Yuplng Xu, Frarnklin W, Schwartz, et al. Effect of apatite amendments on plant uptake of lead From contaminatedsoil [J]. Environmental Seience&Technology, 1997, 31 (10): 2745–2753.

[42] Conder J M, Lanno R P, BastaN T. Assessment of metal availability in smelter soil using Earthworms and chemical extractions [J]. Joumal of Environmenial Quality, 2001, 30 (4): 1231–1237.

[43] Chen S B, Zhu Y G, Ma Y B. Effect of bone char application on Pb bioavailability in a Pb–contaminated soil [J]. Environmental Pollution, 2005, 139: 433–439.

[44] Liphadzi M, S Kirkham M B, Mankin K R. EDTA–asisted heavy metal uptstake by poplar and Sunflower grown at along–term sewage–sludge farm [J]. Plant and soil, 2003, 257: 171–182.

[45] Brombaeher C, Bachofen R, Brandl H. Development of a la-

boratory scale leaching plant for metal extraction from fly ash by Thiobacillus strains [J]. Applied and Environment Microbiology, 1998, 64 (4): 1237-1241.

[46] Krebs W, Brombacher C, Bosshard P P, et al. Microbial recovery of metals from solids [J]. FEMS Microbiology Review, 1997, 20: 605-17.

[47] Xu T J, Ting Y P. Optimization on bioleaching of incinerator fly ash by Aspergillus niger: use of central composite design [J]. Enzyme Microbial Technology, 2004, 35: 444-454.

[48] 王成艳. 加速碳酸化对焚烧飞灰重金属浸出特性及高温迁移特性的影响 [D]. 沈阳: 沈阳航空工业学院, 2010.

[49] K G Sachdev, U M Ahmad, U S Patent. Removal of soluble metals in waste water from Aqueous cleaning and etching-Proeesses [J]. Wat. Sewage Wks, 1977, 124: 98-101.

[50] Lester J N, Harriosn R M, Peny R. The balance of heavy metal through a sewage treatment works chromium, nickel and zinc [J]. Sci Total Environ, 1979, 12: 25-34.

[51] 黄雅曦, 李季, 李国学, 等. 污泥资源化处理与利用中控制重金属污染的研究进展 [J]. 中国生态农业学报, 2006, 14 (1): 156-158.

[52] 黄玉溢, 陈桂芬, 刘斌, 等. 畜禽粪便中重金属含量、形态及转化的研究进展 [J]. 广西农业科学, 2010, 41 (8): 807-809.

[53] 王桂仙, 张启伟. 竹炭对溶液中 Zn^{2+} 的吸附行为研究 [J]. 生物质化学工程, 2006, 40 (3): 17-20.

[54] 李明辉. 转炉尘泥分选利用及吸附铜离子的研究 [D]. 武汉: 武汉理工大学, 2010.

[55] Wang S Y, Tsai M H, Lo S F, et al. Effects of manufacturing conditions on the adsorption capacity of heavy metal ions by Makino bamboo charcoal [J]. Bioresource Technolgy,

2008，99：7027-7033.

[56] 王敦球，曾全方，左华，等．竹醋酸在猪粪堆肥中的保氮作用 [J]．桂林工学院学报，2006，26（1）：37-40.

[57] 黄向东．竹炭与竹醋液对猪粪堆肥过程污染物控制效果及堆肥资源化利用研究 [D]．杭州：浙江大学，2010.

[58] 黄国锋，张振钢，钟流举，等．重金属在猪粪堆肥过程中的化学变化 [J]．中国环境科学，2004，24（1）：94-99.

[59] 荣湘民，宋海星，何增明，等．几种重金属钝化剂及其不同添加比例对猪粪堆肥重金属（As，Cu，Zn）形态转化的影响 [J]．水土保持学报，2009，23（4）：136-160.

[60] 齐帅，王玉军，徐徐．污泥中重金属处理技术的研究现状及发展趋势 [J]．环境科学与管理，2010，35（11）：50-52.

[61] Xiangliang Pan, DaoyongZhang, JianglongWang, et al. Different effects of EDTA on uptake And translocation of Pb and Cd by Typha latifolia [J]. Chinese Journal of Geochemistpy, 2006，（1）：133-137.

[62] 李春凤，廉新慧，王静，等．畜禽粪便中重金属去除技术研究进展 [J]．中国饲料，2012，24：15-17.

[63] 杨慧敏，李明华，王凯军，等．生物沥浸法去除畜禽粪便中重金属的影响因素研究 [J]．生态与农村环境学报，2010，26（1）：73-77.

[64] 王芳，刘晓风，陈伦刚，等．生物质资源能源化与高值利用研究现状及发展前景 [J]．农业工程学报，2021，37（18）：219-231.

[65] Yaashikaa P R, Kumar P S, Varjani S, et al. A critical review on the biochar production techniques, characterization, stability and applications for circular bioeconomy [J]. Bio-

technol Rep（Amst），2020，28：e00570.

[66] 徐超，袁巧霞，覃翠钠，等. 木醋液对牛粪好氧堆肥理化特性与育苗效果的影响［J］. 农业机械学报，2020，51（4）：353-360.

[67] 张航. 木醋液用于堆肥过程重金属 Cu、Zn 钝化机理的研究［D］. 阿拉尔：塔里木大学，2020.

[68] 周岭，李治宇，石长青，等. 基于灰色系统理论的木醋液对牛粪堆制中重金属（Cu、Zn）钝化作用预测模型［J］. 生态科学，2016，35（1）：147-153.

[69] 刘飞，周岭. 棉秆木醋液对牛粪堆肥过程中 CH_4 和 CO_2 排放的影响［J］. 江苏农业科学，2015，43（9）：364-369.

[70] 秦翠兰，王磊元，刘飞，等. 木醋液添加对牛粪堆肥传热性能的影响［J］. 中国农机化学报，2016，37（6）：259-263.

[71] Hagner M，Raty M，Nikama J，et al. Slow pyrolysis liquid in reducing NH_3 emissions from cattle slurry-impacts on plant growth and soil organisms［J］. Science of the Total Environment，2021，784：147139.

[72] Bello A，Deng L，Sheng S，et al. Biochar reduces nutrient loss and improves microbial biomass of composted cattle manure and maize straw［J］. Biotechnol Appl Biochem，2020，67：799-811.

[73] Bello A，Han Y，Zhu H，et al. Microbial community composition，co-occurrence network pattern and nitrogen transformation genera response to biochar addition in cattle manure-maize straw composting［J］. Sci Total Environ，2020，721：137759.

[74] Chen Y，Xu Y，Qu F，et al. Effects of different loading rates and types of biochar on passivations of Cu and Zn via swine

manure composting [J]. J Arid Land, 2020, 12: 1056 - 1070.

[75] Paul S, Kauser H, Jain M S, et al. Biogenic stabilization and heavy metal immobilization during vermicomposting of vegetable waste with biochar amendment [J]. J Hazard Mater, 2020, 390: 121366.

[76] Awasthi M K, Wang Q, Huang H, et al. Effect of biochar amendment on greenhouse gas emission and bio-availability of heavy metals during sewage sludge cocomposting [J]. J Clean Prod, 2016, 135: 829-835.

[77] Zhou Y, Awasthi S K, Liu T, et al. Effect of biochar and humic acid on the copper, lead, and cadmium passivation during composting [J]. Bioresour Technol, 2018, 258: 279-286.

[78] 曲京博. 生物炭对沼渣好氧堆肥的影响机制及肥效评价 [D]. 哈尔滨: 东北农业大学, 2021.

[79] Liu H, Guo H, Guo X, et al. Probing changes in humus chemical characteristics in response to biochar addition and varying bulking agents during composting: A holistic multi-evidence-based approach [J]. J Environ Manage, 2021, 300: 113736.

[80] Godlewska P, Schmidt H P, Ok Y S, et al. Biochar for composting improvement and contaminants reduction. A review [J]. Bioresour Technol, 2017, 246: 193-202.

[81] Guo X, Liu H, Zhang J. The role of biochar in organic waste composting and soil improvement: a review [J]. Waste Manag, 2020, 102: 884-899.

[82] S'anchez-García M, Alburquerque J A, S'anchez-Monedero M A, et al. Biochar accelerates organic matter degradation and enhances N mineralisation during composting of poultry

manure without a relevant impact on gas emissions [J]. Bioresour. Technol, 2015, 192: 272-279.

[83] Awasthi M K. Patterns of heavy metal resistant bacterial community succession influenced by biochar amendment during poultry manure composting [J]. J Hazard Mater, 2021, 420: 126562.

[84] Wang S P, Wang L, Sun Z Y, et al. Biochar addition reduces nitrogen loss and accelerates composting process by affecting the core microbial community during distilled grain waste composting [J]. Bioresour Technol, 2021, 337: 125492.

[85] 李治宇. 棉秆木醋液对牛粪堆肥过程重金属（Cu、Zn）钝化作用的调控研究 [D]. 阿拉尔: 塔里木大学, 2015.

[86] 刘亚子, 高占启. 腐殖质提取与表征研究进展 [J]. 环境科技, 2011, 24 (S1): 76-80.

[87] NY 884—2012, 生物有机肥 [S].

[88] 葛骁, 卞新智, 王艳, 等. 城市生活污泥堆肥过程中重金属钝化规律及影响因素的研究 [J]. 农业环境科学学报, 2014, 33 (3): 502-507.

[89] 栾润宇, 李佳佳, 纪艺凝, 等. 高温快速发酵对鸡粪重金属形态分布及有机质含量影响 [J]. 中国土壤与肥料, 2020 (2): 232-240.

[90] He X T, Logan T J, Traina S J. Physical and Chemical Characteristics of Selected U. S. MunicipalSolid Waste Composts [J]. Journal of Environment Quality, 1995, 24 (3): 543.

[91] 何增明, 刘强, 谢桂先, 等. 好氧高温猪粪堆肥中重金属砷、铜、锌的形态变化及钝化剂的影响 [J]. 应用生态学报, 2010, 21 (10): 2659-2665.

[92] 于子旋, 杨静静, 王语嫣, 等. 畜禽粪便堆肥的理化腐

熟指标及其红外光谱 [J]. 应用生态学报，2016（6）：2015-2023.

[93] 代芬，蔡博昆，洪添胜，等. 漫透射法无损检测荔枝可溶性固形物 [J]. 农业工程学报，2012（15）：293-298.

[94] 宋相中. 近红外光谱定量分析中三种新型波长选择方法研究 [D]. 北京：中国农业大学，2017.

[95] 周岭，万传星，蒋恩臣. 棉秆与杂木木醋液成分比较分析 [J]. 华南农业大学学报，2009，30（2）：22-25.

[96] CJ/T 96—1999，城市生活垃圾有机质的测定灼烧法 [S]. 1999.

[97] NY 525—2002，有机肥料 [S]. 2002.

[98] LY/T 1251—1999，森林土壤水溶性盐分分析 [S]. 1999.

[99] GB/T 8576—2010，复混肥料中游离水含量的测定真空烘箱法 [S]. 2010.

[100] Lindsay W L, Norvell W A. Development of DTPA soil test for Zinc, Iron, Manganese and Copper [J]. Soil Science Society of America Journal, 1978, 42：421-428.

[101] Navarro A F, Cegarra J, Roig A, et al. Relationships between organic matter and carbon contents of organic wastes [J]. Bioresource Technology, 1993, 44（3）：203-207.

[102] 张树清，张夫道，刘秀梅，等. 高温堆肥对畜禽粪中抗生素降解和重金属钝化的作用 [J]. 中国农业科学，2006，39（2）：337-343.

[103] 方开泰. 均匀设计与均匀设计表 [M]. 北京：科学出版社，1994.

[104] USEPA. Composting：yard trimmings and municipal solid waste [Z]. SEPA, 530-R-94-003, 1993.

[105] Esbensen K H, Wold S, Simca, Macup, Selpls, Gdam, Space and Unfold：The ways towards regionalized principal components analysis and subconstrained N-way decomposi-

tion – with geological illustrations ［C］. Proc. Nord Symp Appl Statist, Stavanger, 1983.

［106］ 王惠文. 偏最小二乘回归方法及其应用 ［M］. 北京：国防工业出版社，1999.

［107］ World S, Trygg J, Berglund A, et al. Some recent developments in PLS modeling ［J］. Chemon Intell Lab Syst, 2001, 58 (2)：131.

［108］ 王文圣，丁晶，赵玉龙，等. 基于偏最小二乘回归的年用电量预测研究 ［J］. 中国电机工程学报，2003，23 (10)：17-21.

［109］ 王惠文，吴载斌，孟洁. 偏最小二乘回归的线性与非线性方法 ［M］. 北京：国防工业出版社，2006.

［110］ 郭建校. 改进的高维非线性偏最小二乘回归模型及应用 ［M］. 北京：中国物质出版社，2010.

［111］ 曾雪强，李国正. 基于偏最小二乘降维的分类模型比较 ［J］. 山东大学学报 (工学版)，2010，40 (5)：41-47.

［112］ Xu Y, Bi Z T, Zhang Y C, et al. Impact of wine grape pomace on humification performance and microbial dynamics during pig manure composting ［J］. Bioresour Technol, 2022, 358：127380.

［113］ Li H, Zhang T, Tsang D C W, et al. Effects of external additives：biochar, bentonite, phosphate, on co-composting for swine manure and corn straw ［J］. Chemosphere, 2020, 248：125927.

［114］ He X, Yin H, Fang C, et al. Metagenomic and q-PCR analysis reveals the effect of powder bamboo biochar on nitrous oxide and ammonia emissions during aerobic composting ［J］. Bioresour Technol, 2021, 323：124567.

［115］ Qiu X, Zhou G, Zhang J, et al. Microbial community responses to biochar addition when a green waste and manure mix are composted: a molecular ecological network analysis [J]. Bioresour Technol, 2019, 273: 666-671.

[116] Li J, Song N. Graphene oxide-induced variations in the processing performance, microbial community dynamics and heavy metal speciation during pig manure composting [J]. Process Saf Environ Protect, 2020, 136: 214-222.

[117] Liu N, Zhou J, Han L, et al. Role and multi-scale characterization of bamboo biochar during poultry manure aerobic composting [J]. Bioresour Technol, 2017, 241: 190-199.

[118] Chen Z, Zeng G, Huang D, et al. Biochar for environmental management: mitigating greenhouse gas emissions, contaminant treatment, and potential negative impacts [J]. Chem Eng J, 2019, 373: 902-922.

[119] Chen Z, Wang Y, Wen Q. Effects of chlortetracycline on the fate of multiantibiotic resistance genes and the microbial community during swine manure composting [J]. Environ Pollut, 2018, 237: 977-987.

[120] Barthod J, Rumpel C, Dignac M F. Composting with Additives to Improve Organic Amendments [J]. Agronomy for Sustainable Development, 2018, 38: 17.

[121] 王瑶, 马广玉, 温沁雪, 等. 猪粪堆肥过程中可培养耐药菌的抗性研究 [J]. 哈尔滨工业大学学报, 2021, 53 (5): 33-41.

[122] Wang Q, Awasthi M K, Ren X N, et al. Comparison of biochar, zeolite and their mixture amendment for aiding organic matter transformation and nitrogen conservation during pig manure composting [J]. Bioresour Technol, 2017, 245: 300-308.

[123] Schellekens J, Buurman P, Kalbitz K, et al. Molecular

features of humic acids and fulvic acids from contrasting environments [J]. Environ Sci Technol, 2017, 51: 1330 – 1339.

[124] Wang R, Zhang J Y, Sui Q W, et al. Effect of red mud addition on tetracycline and copper resistance genes and microbial community during the full scale swine manure composting [J]. Bioresour Technol, 2016, 216: 1049-1057.

[125] Cui P, Bai Y D, Li X, et al. Enhanced removal of antibiotic resistance genes and mobile genetic elements during sewage sludge composting covered with a semi–permeable membrane [J]. J Hazard Mater, 2020, 396: 122738.

[126] El–Naggar A, El–Naggar A H, Shaheen S M, et al. Biochar composition–dependent impacts on soil nutrient release, carbon mineralization, and potential environmental risk: a review [J]. Environ Manag, 2019, 241: 458-467.

[127] Baes A U, Bloom P R. Diffuse reflectance and transmission fourier transform infrared (DRIFT) spectroscopy of humic and fulvic acids [J]. Soil Sci Soc Am J, 1989, 53: 695–700.

[128] Mazumder P, Khwairakpam M, Kalamdhad A S. Bio–inherent attributes of water hyacinth procured from contaminated water body – effect of its compost on seed germination and radicle growth [J]. J Environ Manage, 2020, 257: 109990.

[129] Zhang Z P, Li Y M, Zhang H, et al. Potential use and the energy conversion efficiency analysis of fermentation effluents from photo and dark fermentative bio–hydrogen production [J]. Bioresour Technol, 2017, 245: 884-889.

[130] Liang J, Tang S, Gong J, et al. Responses of enzymatic activity and microbial communities to biochar/compost amend-

ment in sulfamethoxazole polluted wetland soil [J]. J Hazard Mater, 2020, 385: 121533.

[131] Chowdhury M A, Neergaard A, Jensen L S. Potential of aeration flow rate and bio-char addition to reduce greenhouse gas and ammonia emissions during manure composting [J]. Chemosphere, 2014, 97: 16-25.

[132] Sun C, Chen T, Huang Q, et al. Activation of persulfate by CO_2 - activated biochar for improved phenolic pollutant degradation: Performance and mechanism [J]. Chemical Engineering Journal, 2020, 380: 122519.

[133] Yona Chen, Senesi, Morris Schnitzer. Information Provided on Humic Substances by E^4/E^6 Ratios [J]. Soil Sci Soc Am J, 1977, 41: 352-358.

[134] 仝利红, 祝凌, 赵楠, 等. 不同比例有机无机肥配施土壤腐殖质组分的光谱学特征 [J]. 光谱学与光谱分析, 2021, 41 (2): 523-528.

[135] H Hajjouji, N El Fakharedine, GA Baddi, et al. Treatment of olive mill waste-water by aerobic biodegradation: An analytical study using gel permeation chromatography, ultraviolet-visible and Fourier transform infrared spectroscopy [J]. Bioresour Technol, 2007, 98: 3513-3520.

[136] Albrecht, Le Petit, G Terrom, et al. Comparison between UV spectroscopy and nirs to assess humification process during sewage sludge and green wastes co-composting [J]. Bioresour Technol, 2011, 102: 4495-4500.

[137] Liu X, Hou Y, Li Z, et al. Hyperthermophilic composting of sewage sludge accelerates humic acid formation: elemental and spectroscopic evidence [J]. Waste Manag, 2020, 103: 342-351.

[138] Gao X, Tan W, Zhao Y, et al. Diversity in the mechanisms

of humin formation during composting with different materials [J]. Environ Sci Technol. 2019, 53: 3653-3662.

[139] Chen W, Westerhoff P, Leenheer J A. Fluorescence excitationemission matrix regional integration to quantify spectra for dissolved organic matter [J]. Environ Sci Technol, 2003, 37: 5701-5710.

[140] Lv B, Xing M, Yang J, et al. Chemical and spectroscopic characterization of water extractable iorganic matter during vermicomposting of cattle dung [J]. Bioresour Technol, 2013, 132: 320-326.

[141] He X S, Xi B D, Wei Z M, et al. Physicochemical and spectroscopic characteristics of dissolved organic matter extracted from municipal solid waste (MSW) and their influence on the landfill biological stability [J]. Bioresour Technol, 2011, 102: 2322-2327.

[142] Medina J, Monreal C, Chabot D, et al. Microscopic and spectroscopic characterization of humic substances from a compost amended copper contaminated soil: main features and their potential effects on Cu immoblization [J]. Environ Sci Pollut Res, 2017, 24: 14104-14116.

[143] Y Inbar, Y Chen. Solid state carbon-13 nuclear magnetic resonance and infrared spectroscopy of composted organic matter [J]. Soil Science Society of America Journal, 1989, 53: 1695-1701.

[144] Baes A U, Bloom P R. Diffuse rJiang J, Kang K, Wang C, et al. Evaluation of total greenhouse gas emissions during sewage sludge composting by the different dicyandiamide added forms: mixing, surface broadcasting, and their combination [J]. Waste Manag, 2018, 81: 94-103.

[145] Lopez-Cano I, Roig A, Cayuela M L, et al. Biochar im-

proves N cycling during composting of olive mill wastes and sheep manure [J]. Waste Manag, 2016, 49: 553-559.

[146] El-Azeem S, Ahmad M, Usman A, et al. Changes of biochemical properties and heavy metal bioavailability in soil treated with natural liming materials [J]. Environ Earth Sci, 2013, 70: 3411-3420.

[147] Ye Z, Ding H, Yin Z, et al. Evaluation of humic acid conversion during composting under amoxicillin stress: Emphasizes the driving role of core microbial communities [J]. Bioresour. Technol, 2021, 337: 125483.

[148] Inbar Y, Chen Y, Hadar eflectance and transmission fourier transform infrared (DRIFT) spectroscopy of humic and fulvic acids [J]. Soil Science Society of America Journal, 1989, 53: 695-700.

[149] Bi W H, Li Y, Sun J C, et al. Research review and development trend of marine total organic carbon detection based on spectral technology [J]. YanShan Univ, 2022, 45: 1-8.

[150] Hladký J, Pospíšilová L, Liptaj T. Spectroscopic characterization of natural humic substances [J]. Journal of Applied Spectroscopy, 2013, 80 (1): 8-14.

[151] Meng J, Wang L, Zhong L, et al. Contrasting effects of composting and pyrolysis on bioavailability and speciation of Cu and Zn in pig manure [J]. Chemosphere, 2017, 180: 93-99.

[152] Li Y, Liu B, Zhang X, et al. Effects of Cu exposure on enzyme activities and selection for microbial tolerances during swine - manure composting [J]. Hazard Mater, 2015, 283: 512-518.

[153] Yu Yang, Zhongbo Wei, Xiaolong Zhang. Biochar from Al-

ternanthera philoxeroides could remove Pb (II) efficiently [J]. Bioresour Technol, 2014, 171: 227-232.

[154] He X, Xi B, Li D, et al. Influence of the composition and removal characteristics of organic matter on heavy metal distribution in compost leachates [J]. Environ Sci Pollut Res, 2014, 21: 7522-7529.

[155] Awasthi M K, Chen H, Awasthi S K, et al. Application of metagenomic analysis for detection of the reduction in the antibiotic resistance genes (ARGs) by the addition of clay during poultry manure composting [J]. Chemosphere, 2019, 220: 137-145.

[156] Cui H, Ou Y, Wang L, et al. The passivation effect of heavy metals during biochar-amended composting: emphasize on bacterial communities [J]. Waste Manag, 2020, 118: 360-368.

[157] Lei X, Zeng Z, Gou J, et al. Research on bioavailability of heavy metals in sludge during the composting process [J]. Environ Eng, 2014, 32 (6): 109-113.

[158] Frutos I, Garcia-Delgado C, Garate A. Biosorption of heavy metals by organic carbon from spent mushroom substrates and their raw materials [J]. Int J Environ Sci Technol, 2016, 13: 2713-2720.

[159] Chen Y X, Huang X D, Han Z Y, et al. Effects of bamboo charcoal and bamboo vinegar on nitrogen conservation and heavy metals immobility during pig manure composting [J]. Chemosphere, 2010, 78: 1177-1181.

[160] Shehata E, Cheng D, Ma Q. Microbial community dynamics during composting of animal manures contaminated with arsenic, copper, and oxytetracycline [J]. J Integr Agr, 2021, 20: 1649-1659.

[161] 王亚梅. 生物炭对猪粪堆肥腐熟度及重金属钝化效果的影响 [D]. 阿拉尔: 塔里木大学, 2021.

[162] Deng R, Luo H, Huang D, et al. Biochar-mediated Fenton-like reaction for the degradation of sulfamethazine: Role of environmentally persistent free radicals [J]. Chemosphere, 2020, 255: 126975.

[163] Zhang J, Lu F, Shao L, et al. The use of biochar-amended composting to improve the humification and degradation of sewage sludge [J]. Bioresour Technol, 2014, 168: 252-258.

[164] Palansooriya K N, Shaheen S M, Chen S S, et al. Soil amendments for immobilization of potentially toxic elements in contaminated soils: a critical review [J]. Environ Int, 2020, 134: 105046.

[165] Awasthi S K, Duan Y, Liu T. Can biochar regulate the fate of heavy metals (Cu and Zn) resistant bacteria community during the poultry manure composting? [J]. J Hazard Mater, 2021, 406: 124593.

[166] Devi P, Dalai A K, Chaurasia S P. Activity and stability of biochar in hydrogen peroxide based oxidation system for degradation of naphthenic acid [J]. Chemosphere, 2020, 241: 125007.

[167] Chen H, Awasthi S K, Liu T, et al. Effects of microbial culture and chicken manure biochar on compost maturity and greenhouse gas emissions during chicken manure composting [J]. J Hazard Mater, 2020, 389: 121908.

[168] Dias B O, Silva C A, Higashikawa F S, et al. Use of biochar as bulking agent for the composting of poultry manure: effect on organic matter degradation and humification [J]. Bioresour Technol, 2010, 101: 1239-1246.

[169] Oviedo-Ocaña E R, Soto - Paz J, Domínguez I, et al. A systematic review on the application of bacterial inoculants and microbial consortia during green waste composting [J]. Waste Biomass Valori, 2022, 17: 1-22.

[170] Jain M S, Jambhulkar R, Kalamdhad A S. Biochar amendment for batch composting of nitrogen rich organic waste: effect on, composting physics and nutritional properties [J]. Bioresour Technol, 2018, 253: 204-213.

[171] Zhang T, Wu X, Shaheen S M, et al. Effects of microorganism - mediated inoculants on humification processes and phosphorus dynamics during the aerobic composting of swine manure [J]. J Hazard Mater, 2021, 416: 125738.

[172] Gholami L, Rahimi G, et al. Efficiency of CH_4N_2S - modified biochar derived from potato peel on the adsorption and fractionation of cadmium, zinc and copper in contaminated acidic soil [J]. Environmental Nanotechnology Monitoring Management, 2021, 16: 100468.

[173] Zhou X, Qiao M, Su Q, et al. Turning pig manure into biochar can effectively mitigate antibiotic resistance genes as organic fertilizer [J]. Sci Total Environ, 2021, 649: 902-908.

[174] Duan Y, Awasthi S K, Liu T, et al. Positive impact of biochar alone and combined with bacterial consortium amendment on improvement of bacterial community during cow manure composting [J]. Bioresour Technol, 2019, 280: 79-87.

[175] Chen X, Zhao Y, Zeng C, et al. Assessment contributions of physicochemical properties and bacterial community to mitigate the bioavailability of heavy metals during composting based on structural equation models [J]. Bioresour Technol-

ogy, 2019, 289: 121657.

[176] Yi y, Zhao T, Zang Y X, et al. Different mechanisms for riboflavin to improve the outward and inward extracellular electron transfer of Shewanella loihica [J]. Electrochemistry Communications, 2021, 124: 106966.

[177] Liu W, Huo R, Xu J X, et al. Effects of biochar on nitrogen transformation and heavy metals in sludge composting [J]. Bioresour Technol, 2017, 235: 43−49.

附　　录

缩略词检索表

缩略词	英文名称	中文名称
PM	Pig manure	猪粪
BC	Biochar	生物炭
DOC	Dissolved organic carbon	溶解性有机碳
DOM	Dissolved organic matter	溶解性有机物
OM	Organic matter	有机质
HM	Heavy metals	重金属
HS	Humus	腐殖质
HA	Humic acids	腐殖酸
FA	Fulvic acids	富里酸
HI	Humification index	腐殖化指数
BS	Bioavailable state	生物可利用态